Ralf Ertl **Toleranzen kompakt**

W0075003

Toleranzen kompakt

Bautabellen und Grenzwerte nach
DIN 18202 und weiteren Regelwerken

3., aktualisierte und erweiterte Auflage

mit 44 Abbildungen und 83 Tabellen

Dipl.-Ing. Univ. Ralf Ertl

Beratender Ingenieur
von der Industrie- und Handelskammer für
München und Oberbayern öffentlich bestellter
und vereidigter Sachverständiger für Schäden an
Gebäuden
Obmann des Normenausschusses „Bautoleranzen,
Baupassungen" im DIN

Rudolf Müller

Bibliografische Information der Deutschen Nationalbibliothek

Die Deutsche Nationalbibliothek verzeichnet diese Publikation in der Deutschen Nationalbibliografie; detaillierte bibliografische Daten sind im Internet über http://dnb.d-nb.de abrufbar.

3., aktualisierte und erweiterte Auflage 2014

© Verlagsgesellschaft Rudolf Müller GmbH & Co. KG, Köln 2014

Maßgebend für das Anwenden von Normen ist deren Fassung mit dem neuesten Ausgabedatum, die bei der Beuth Verlag GmbH, Burggrafenstraße 6, 10787 Berlin, erhältlich ist. Maßgebend für das Anwenden von Regelwerken, Richtlinien, Merkblättern, Hinweisen, Verordnungen usw. ist deren Fassung mit dem neuesten Ausgabedatum, die bei der jeweiligen herausgebenden Institution erhältlich ist. Zitate aus Normen, Merkblättern usw. wurden, unabhängig von ihrem Ausgabedatum, in neuer deutscher Rechtschreibung abgedruckt.

Das vorliegende Werk wurde mit größter Sorgfalt erstellt. Verlag und Autor können dennoch für die inhaltliche und technische Fehlerfreiheit, Aktualität und Vollständigkeit des Werkes keine Haftung übernehmen.

Wir freuen uns, Ihre Meinung über dieses Fachbuch zu erfahren. Bitte teilen Sie uns Ihre Anregungen, Hinweise oder Fragen per E-Mail: fachmedien.architektur@rudolf-mueller.de oder Telefax: 0221 5497-6141 mit.

Über www.masstoleranzen.de können Sie auch direkt mit dem Autor in Kontakt treten.

Lektorat: Jan Stüwe, Köln
Umschlaggestaltung: Designbüro Lörzer, Köln
Satz: Hackethal Producing, Asbach
Druck und Bindearbeiten: AZ-Druck und Datentechnik GmbH, Kempten

Printed in Germany

ISBN 978-3-481-03080-3 (Buch-Ausgabe)
ISBN 978-3-481-03081-0 (E-Book als PDF)

Vorwort zur dritten Auflage

Die vorliegende dritte Auflage dieses kompakten Handbuches greift die jüngsten Änderungen in der neuen Ausgabe der DIN 18202:2013-04 auf. Die Grundsätze zur Anwendung der Norm in Abschnitt 4 wurden ergänzt. Die Zuordnung der Grenzwerte für Ebenheitsabweichungen nicht flächenfertiger Oberseiten von Decken etc. nach Tabelle 3, Zeile 2, wurde neu formuliert. Für die Prüfung der Maßhaltigkeit wurden in Abschnitt 6 Grundsätze für die Vorgehensweise ergänzt und die Vorgehensweise zur Prüfung von (Längen-)Maßabweichungen, Winkelabweichungen, Ebenheitsabweichungen und Fluchtabweichungen wurde überarbeitet.

Im Grundsatz ist das Regelwerk bei der jüngsten Überarbeitung in seiner bisherigen Form beibehalten worden und auch die bekannten Zahlenwerte für die unterschiedlichen Toleranzen sind unverändert geblieben. Die DIN 18202 bleibt damit auch in ihrer jüngsten Fassung in bekannter und bewährter Form für die Anwendung in der Baupraxis erhalten. Geblieben ist freilich auch die Notwendigkeit, Passungsanforderungen auch künftig für den Einzelfall funktionsgerecht zu bemessen.

München, im März 2014   Ralf Ertl

Inhalt

3   Begriffe

In DIN 18202 werden folgende Begriffe definiert:

Nennmaß (Sollmaß):   Maß, das zur Kennzeichnung von Größe, Gestalt und Lage eines Bauteils oder Bauwerks angegeben und in Zeichnungen eingetragen wird

Istmaß: Maß, durch Messung festgestellt

Maßabweichung: Differenz zwischen Ist- und Nennmaß (vgl. Abb. 1.3.1)

Höchstmaß: größtes zulässiges Maß

Mindestmaß: kleinstes zulässiges Maß

Maßtoleranz: Differenz zwischen Höchst- und Mindestmaß

Grenzabweichung: Differenz zwischen Nennmaß und Höchst- bzw. Mindestmaß

Stichmaß: Abstand eines Punktes zu einer Bezugslinie (vgl. Abb. 1.3.2)

Winkelabweichung: Differenz zwischen Ist- und Nennwinkel, angegeben als Stichmaß (bezogen auf ein Nennmaß, vgl. Abb. 1.3.3)

Ebenheitsabweichung: Istabweichung einer Fläche von der Ebene, angegeben als Stichmaß (bezogen auf einen Messpunktabstand, vgl. Abb. 1.3.4)

Grenzwert für die Winkelabweichung: Grenzabweichung vom Winkel, angegeben als Stichmaß (vgl. Abb. 1.3.3)

Grenzwert für die Ebenheitsabweichung: Grenzabweichung von der Ebene, angegeben als Stichmaß (vgl. Abb. 1.3.4)

Flucht: Verbindungslinie zwischen 2 Punkten

Fluchtabweichung: Istabweichung eines Punktes von der Flucht, angegeben als Stichmaß (bezogen auf ein Nennmaß)

Grenzwert für die Fluchtabweichung: Grenzabweichung von der Flucht, angegeben als Stichmaß (vgl. Abb. 1.3.5)

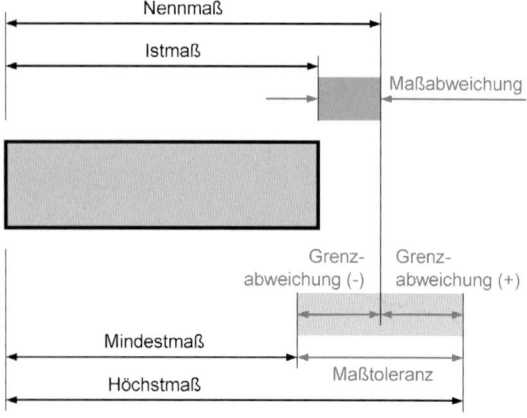

Abb. 1.3.1: Anwendung der Begriffe nach DIN 18202:2013-04, Bild 1

Größe und Gestalt eines Bauteils bzw. eines Bauwerks sowie dessen Lage innerhalb des Koordinationssystems werden durch **Nennmaße** in den Ausführungszeichnungen angegeben. Die Begriffe Maßabweichung und Grenzabweichung beziehen sich jeweils auf **Längenmaße**.

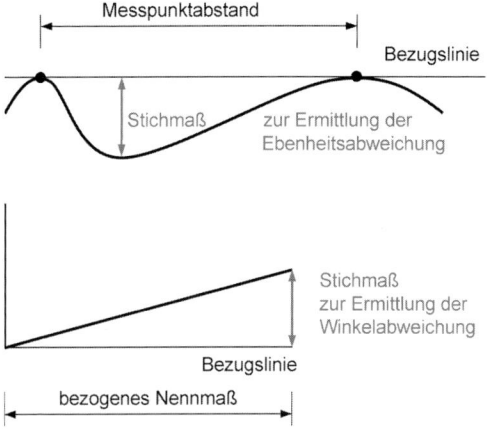

Abb. 1.3.2: Anwendung der Begriffe nach DIN 18202:2013-04, Bild 2

Für die Bestimmung der Winkelabweichung und der Ebenheitsabweichung wird jeweils der lotrechte Abstand des
betrachteten Punktes von einer Bezugslinie herangezogen.
Dieser Abstand wird als **Stichmaß** bezeichnet.

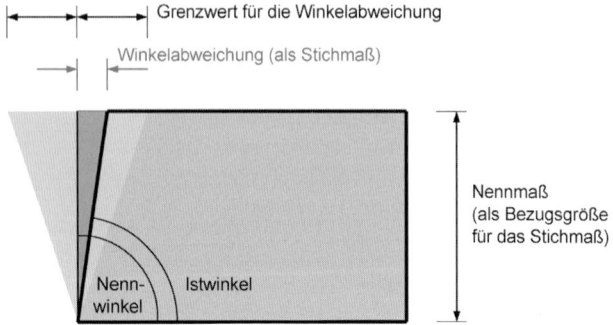

Abb. 1.3.3: Toleranzbereich für die Winkelabweichung (beidseitig symmetrisch angeordnet)

Die **Winkelabweichung** ist definiert als die Differenz zwischen dem Ist- und dem Nennwinkel. Sie wird angegeben als Stichmaß und auf ein Nennmaß bezogen. Der **Grenzwert für die Winkelabweichung** wird ebenfalls als Stichmaß angegeben.

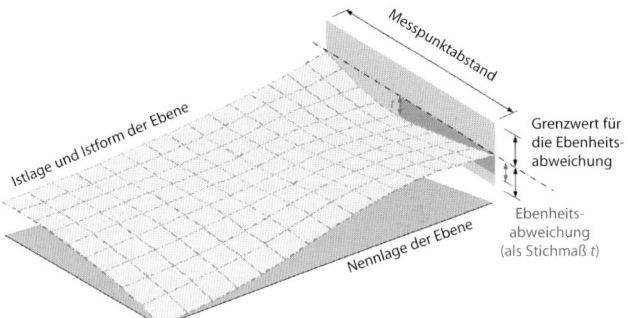

Abb. 1.3.4: Toleranzbereich für die Ebenheitsabweichung am Beispiel einer Fläche

Die **Ebenheitsabweichung** ist als die Istabweichung einer Fläche von der Ebene definiert und wird als Stichmaß bezogen auf einen Messpunktabstand angegeben. Der **Grenzwert für die Ebenheitsabweichung** wird ebenfalls als Stichmaß angegeben.

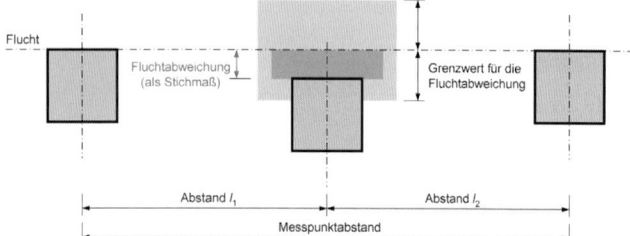

Abb. 1.3.5: Toleranzbereich für die Fluchtabweichung (beidseitig symmetrisch angeordnet

Die **Flucht** ist definiert als Verbindungslinie zwischen 2 Punkten. Die **Fluchtabweichung** ist als der orthogonale Abstand eines Zwischenpunktes von der Flucht definiert und als Stichmaß bezogen auf ein Nennmaß angegeben. Als Nennmaß wird in der Regel der Abstand der beiden benachbarten Punkte angesetzt.

4   Grundsätze

Grundlagen

In der zeichnerischen Darstellung eines Bauteils oder Bauwerks werden die Abmessungen als Nennmaße (Sollmaße) angegeben. In der handwerklichen oder fertigungstechnischen Ausführung ist eine Abweichung der Istmaße von den Nennmaßen jedoch unvermeidbar. Die inhaltliche Beschreibung der Maßabweichungen und deren Begrenzung auf einen maximal zulässigen Fehler erfolgen durch die Festlegung von Toleranzen.

Funktionsbezug

Die Herstellung eines Bauteils oder die Errichtung eines Bauwerks erfolgt in der Regel im Hinblick auf einen bestimmten Verwendungszweck. Dieser ist mit einer oder mehreren vorgesehenen Funktionen verbunden. Die Festlegungen in der Toleranznorm DIN 18202 wurden im Hinblick auf die Sicherstellung der vorgesehenen **Funktion** getroffen. Zielsetzung dieser Festlegungen ist, dass Bauteile des Roh- und Ausbaus funktionsgerecht eingefügt werden können, ohne dass es erheblicher Nacharbeiten bedarf.

Regelanwendung

Die in DIN 18202 angegebenen Maßtoleranzen beschreiben die für Standardleistungen bzw. Bauteile oder Bauwerke durchschnittlich üblicher Ausführungsart und Abmessungen im Rahmen üblicher handwerklicher Sorgfalt zu erreichende Genauigkeit. Die Maßtoleranzen nach DIN 18202 können damit bei der Umsetzung einer **durchschnittlichen Bauaufgabe**, der Verwendung üblicher Stoffe, Verfahren und Technologien und im Hinblick auf ein durchschnittlich übliches Ergebnis angewendet werden. Für einen solchen **Regelfall** wird der Planer von der Festlegung zulässiger Maßabweichungen entlastet. Er kann auf den **Regeldatensatz** der Toleranzwerte in der Norm zurückgreifen. Im Umkehrschluss sollen diese Toleranzen Anwendung finden, soweit keine anderen Genauigkeiten festgelegt worden sind.

Weicht ein Bauteil oder ein Bauwerk von dem angenommenen Regelfall ab, sind – unter dem Aspekt der Funktion – **einzelfallspezifische Genauigkeiten** zu definieren. Hierbei ist von dem Gebot des wirtschaftlichen Bauens auszugehen.

Bei der Festlegung von zulässigen Maßabweichungen ist auch zu definieren, mit welchen Maßnahmen die Einhaltung der maximal zulässigen Maßabweichungen sichergestellt werden kann und wie die Einhaltung der Maßhaltigkeit während der Ausführung zu kontrollieren ist.

Zeit- und lastabhängige Verformungen

Werte für **zeit- und lastabhängige Verformungen** sind nicht Gegenstand der Norm. Diese sind zusätzlich zu den Ausführungstoleranzen nach DIN 18202 zu berücksichtigen. Zu den **zeit- und lastabhängigen Verformungen** zählen z. B.

- Formänderungen infolge Quellens oder Schwindens,

- Formänderungen bei einer Änderung der Temperatur über die Zeit,

- Formänderungen unter Einwirkung dauernder oder temporärer Lasten (vgl. Kapitel 1 „Anwendungsbereich").

Passungsberechnungen

Passungsberechnungen können aufbauend auf den Toleranzen nach DIN 18202 vorgenommen werden. Kann die vorgesehene Funktion an den **Passungsstellen** mit diesen Toleranzen nicht sicher erreicht werden, so können aus Gründen der Funktion auch andere Genauigkeiten erforderlich werden. Diese sind dann im Einzelfall zu definieren. Eine **Passungsberechnung** muss alle über die Gebrauchsdauer des Bauteils oder Bauwerks hinweg auftretenden Formänderungen berücksichtigen. Dies schließt zeit- und lastabhängige Verformungen mit ein.

Bezugspunkte

Soweit funktionsbedingt bestimmte Maße vorrangig einzuhalten sind, sind hierfür **Bezugspunkte** zu definieren. Diese müssen vor der Bauausführung festgelegt werden, damit in Planung und Ausführung ein **einheitlicher Bezug** besteht und eine Maßabweichung aufgrund der Vermessung minimiert werden kann. Insbesondere bei der Einführung lokaler **Koordinationssysteme** sind diese über Bezugspunkte an dem zugehörigen globalen Koordinationssystem auszurichten.

Für den maßgeblichen Bezugspunkt eines Bauteils wird ein Grenzbezug oder ein Achsbezug definiert. Bei einem **Grenzbezug** wird ein Maß auf die äußeren Grenzen eines Bauteils bezogen. Bei einem **Achsbezug** wird ein Maß auf die Bauteilachsen bezogen.

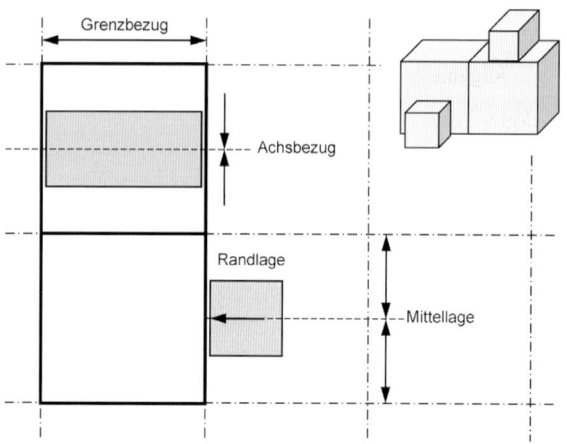

Abb. 1.4.1: Erläuterung der Bezugsarten im Koordinationsraum und der Lageausrichtung nach DIN 18202:2013-04, Bild 3

Für die Lage eines Bauteils in Bezug auf eine Anschlusspositon wird eine Randlage oder eine Mittellage definiert. Bei einer **Randlage** wird ein Bauteil mit seinem äußeren Rand nach der Anschlussposition ausgerichtet. Bei der **Mittellage** wird ein Bauteil mittig nach der Anschlussposition ausgerichtet (vgl. Abb. 1.4.1).

Mit der Festlegung von Bezug und Lage eines Bauteils ist auch seine Position innerhalb des Toleranzbereiches festgelegt.

5   Maßtoleranzen

5.1   Allgemeines

Festgelegt werden

- Grenzabweichungen für Maße,

- Grenzwerte für Winkelabweichungen,

- Grenzwerte für Ebenheitsabweichungen,

- Grenzwerte für Abweichungen von der Flucht.

5.2   Grenzabweichungen für Maße

Zur Erläuterung der Begriffe siehe Abb. 1.5.1.

Maßketten

Die Anforderungen an Grenzabweichungen nach DIN 18202, Tabelle 1, sind für jedes Nennmaß einzuhalten. **Nennmaße** sind definiert als die in den Ausführungszeichnungen angegebenen Maße. Somit unterliegt jedes einzelne **Nennmaß einer Maßkette** den Anforderungen nach DIN 18202, Tabelle 1. Werden zusätzlich zu den Einzelmaßen einer Maßkette auch **Summenmaße** angegeben, so sind dies ebenfalls Nennmaße, die den Grenzabweichungen unterliegen.

Spalte	1	1	2	3	4	5	6
Zeile	Bezug	Grenzabweichungen in mm bei Nennmaßen in m					
		bis 1	über 1 bis 3	über 3 bis 6	über 6 bis 15	über 15 bis 30	über 30[a]
1	**Maße im Grundriss**, z. B. Längen, Breiten, Achs- und Rastermaße (siehe 6.3.1)	± 10	± 12	± 16	± 20	± 24	± 30
2	**Maße im Aufriss**, z. B. Geschosshöhen, Podesthöhen, Abstände von Aufstandsflächen und Konsolen (siehe 6.3.2)	± 10	± 16	± 16	± 20	± 30	± 30
3	**Lichte Maße im Grundriss**, z. B. Maße zwischen Stützen, Pfeilern usw. (siehe 6.3.3)	± 12	± 16	± 20	± 24	± 30	–
4	**Lichte Maße im Aufriss**, z. B. unter Decken und Unterzügen (siehe 6.3.4)	± 16	± 20	± 20	± 30	–	–
5	**Öffnungen**, z.B. für Fenster, Außentüren[b], Einbauelemente (siehe 6.3.5)	± 10	± 12	± 16	–	–	–
6	Öffnungen wie vor, jedoch mit oberflächenfertigen Leibungen (siehe 6.3.5)	± 8	± 10	± 12	–	–	–

[a] Diese Grenzabweichungen können bei Nennmaßen bis etwa 60 m angewendet werden. Bei größeren Abmessungen sind besondere Überlegungen erforderlich.

[b] Innentüren siehe DIN 18100.

Tabelle 1.5.1: DIN 18202:2013-04, Tabelle 1 – Grenzabweichungen für Maße

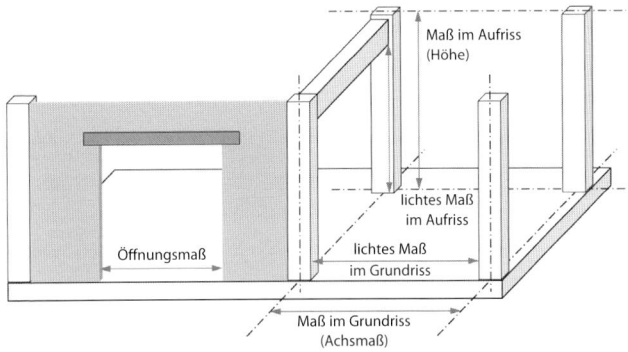

Maß im Aufriss (Höhe)

lichtes Maß im Aufriss

lichtes Maß im Grundriss

Öffnungsmaß

Maß im Grundriss (Achsmaß)

Abb. 1.5.1: Zuordnung der Begriffe nach DIN 18202:2013-04, Tabelle 1 – Grenzabweichungen für Maße

Zusammenhang Grenzabweichungen – Winkelabweichungen

Bei Ausnutzung der Grenzabweichungen nach DIN 18202, Tabelle 1, ist darauf zu achten, dass die Grenzwerte für Winkelabweichungen nach DIN 18202, Tabelle 2, nicht überschritten werden. Der Zusammenhang zwischen Maßabweichungen und Winkelabweichungen wird aus der Darstellung des Boxbereichs für ein Bauteil ersichtlich. Als **Boxbereich** bezeichnet man jenen Bereich, innerhalb dessen die Abmessungen eines Bauteils unter Berücksichtigung der zulässigen Grenzabweichungen liegen müssen. Die Winkelabweichung einer Bauteilkante korreliert mit der Maßabweichung der angrenzenden Bauteilkante. Da sowohl die Grenzabweichungen

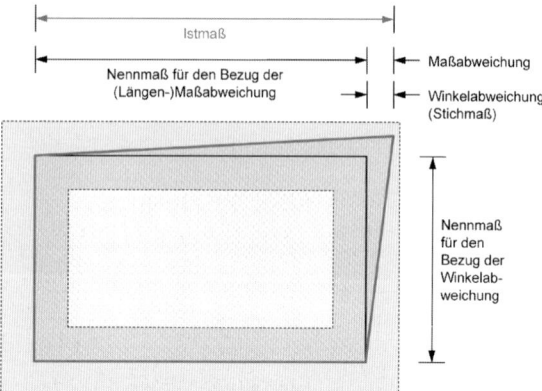

Abb. 1.5.2: Darstellung des Bezugs zwischen Maßabweichung und Winkelabweichung am Beispiel des Boxbereichs für die äußeren Bauteilabmessungen

als auch die Grenzwerte für Winkelabweichungen eingehalten werden müssen, wird das **strengere der beiden Kriterien** entscheidend. Maßabweichungen und Winkelabweichungen können also **nicht unabhängig voneinander** im Rahmen der angegebenen Grenzwerte in Anspruch genommen werden (vgl. Abb. 1.5.2).

5.3   Grenzwerte für Winkelabweichungen

In DIN 18202, Tabelle 2, werden Grenzwerte für Winkelabweichungen angegeben. Die Zahlenwerte gelten für alle
Flächen unabhängig von deren Orientierung im Raum, also
für vertikale, horizontale und geneigte Flächen. Damit wird
sowohl die Abweichung eines Winkels zwischen 2 Flächen
von dem Nennwinkel als auch die Abweichung einer Fläche
von der Horizontalen bzw. der Vertikalen erfasst (vgl. Tabelle
1.5.2).

Spalte	1	2	3	4	5	6	7	8
Zeile	**Bezug**	**Stichmaße als Grenzwerte in mm** bei Nennmaßen in m						
		bis 0,5	über 0,5 bis 1	über 1 bis 3	über 3 bis 6	über 6 bis 15	über 15 bis 30	über 30[a]
1	**Vertikale, horizon-tale und geneigte Flächen**	3	6	8	12	16	20	30

[a] Diese Grenzabweichungen können bei Nennmaßen bis etwa 60 m angewendet werden. Bei größeren Abmessungen sind besondere Überlegungen erforderlich.

Tabelle 1.5.2: DIN 18202:2013-04, Tabelle 2 – Grenzwerte für Winkel-abweichungen

Die Winkelabweichungen korrelieren mit den **Maßabwei-chungen** wie bereits vorstehend beschrieben. Durch Aus-nutzen der Grenzwerte für Winkelabweichungen der Tabelle
2 dürfen die Grenzabweichungen der Tabelle 1 nicht über-schritten werden.

5.4   Grenzwerte für Ebenheitsabweichungen

Im Abschnitt 5.4 der DIN 18202 werden Grenzwerte für Ebenheitsabweichungen bei Bauteiloberflächen angegeben. Die Regelungen umfassen Boden-, Wand- und Deckenflächen. Die Ebenheitsabweichung wird entsprechend der Begriffsdefinition als Stichmaß für die Abweichung aus der betrachteten Ebene angegeben. Die zulässige Abweichung von der Ebenheit einer Fläche ist unabhängig von der Lage oder Neigung dieser Fläche.

Abgrenzung zu Maßabweichungen und Winkelabweichungen

Für die Beurteilung der **Lage einer Fläche** innerhalb des Koordinationssystems (z.B. deren Höhenlage oder deren Längenabmessungen) sind in DIN 18202, Tabelle 1, Grenzabweichungen angegeben. Für die Beurteilung der **Neigung einer Fläche** sind in DIN 18202, Tabelle 2, Grenzwerte für Winkelabweichungen angegeben. Die Abweichung der Istlage einer Fläche von ihrer Nennlage innerhalb des Koordinationssystems wird mit Grenzwerten für Maßabweichungen und Grenzwerten für Winkelabweichungen hinreichend genau beschrieben.

Für die Betrachtung der Maßabweichungen und der Winkelabweichungen wird eine Fläche vereinfacht als lineare Verbindung ihrer Eckpunkte betrachtet. Lageabweichungen werden nur an den Eckpunkten der Fläche untersucht. Der Verlauf der Fläche an den Rändern und innerhalb ihrer Ränder bleibt für die Betrachtung der Lage der Eckpunkte zunächst unberücksichtigt. Erst für die Betrachtung der Ebenheit einer Fläche ist der **Flächenverlauf an den Rändern und zwischen den Rändern** maßgeblich.

Für die Abweichung der Istfläche von der Nennlage der Fläche werden im Abschnitt 5.4 der DIN 18202 Grenzwerte festgelegt. Diese gelten unabhängig von der Lage der Fläche, die bereits durch Grenzwerte für die Maßabweichung und Winkelabweichung geregelt ist. Maßabweichungen und Winkelabweichungen sind daher in der Beurteilung stets von Ebenheitsabweichungen zu trennen.

Spalte	1	2	3	4	5	6
Zeile	**Bezug**	**Stichmaße als Grenzwerte in mm** bei Messpunktabständen in m bis				
		0,1	**1[a]**	**4[a]**	**10[a]**	**15[a b]**
1	**Nicht flächenfertige Oberseiten von Decken**, Unterbeton und Unterböden	10	15	20	25	30
2a	**Nicht flächenfertige Oberseiten von Decken oder Bodenplatten** zur Aufnahme von Bodenaufbauten, z. B. Estriche im Verbund oder auf Trennlage, schwimmende Estriche, Industrieböden, Fliesen- und Plattenbeläge im Mörtelbett	5	8	12	15	20

Tabelle 1.5.3: DIN 18202:2013-04, Tabelle 3 – Grenzwerte für Ebenheitsabweichungen (Fortsetzung nächste Seite)

Spalte	1	2	3	4	5	6
Zeile	Bezug	Stichmaße als Grenzwerte in mm bei Messpunktabständen in m bis				
		0,1	1[a]	4[a]	10[a]	15[a b]
2b	**Flächenfertige Oberseiten von Decken oder Bodenplatten** für untergeordnete Zwecke, z.B. in Lagerräumen, Kellern, monolithische Betonböden	5	8	12	15	20
3	**Flächenfertige Böden**, z.B. Estriche als Nutzestriche, Estriche zur Aufnahme von Bodenbelägen, Bodenbeläge, Fliesenbeläge, ge-spachtelte und geklebte Beläge	2	4	10	12	15
4	Wie Zeile 3, jedoch <u>mit erhöhten Anforderungen</u>, z. B. selbstverlau-fende Massen	1	3	9	12	15
5	**Nicht flächenfertige Wände und Unterseiten** von Rohdecken	5	10	15	25	30
6	**Flächenfertige Wände und Unterseiten** von Decken, z.B. geputzte Wände, Wandbekleidun-gen, untergehängte Decken	3	5	10	20	25
7	Wie Zeile 6, jedoch <u>mit erhöhten Anforderungen</u>	2	3	8	15	20

[a] Zwischenwerte sind den Bildern 5 und 6 zu entnehmen und auf ganze mm zu runden.

[b] Die Grenzwerte für Ebenheitsabweichungen der Spalte 6 gelten auch für Mess-punktabstände über 15 m.

Tabelle 1.5.3 (Fortsetzung): DIN 18202:2013-04, Tabelle 3 – Grenz-werte für Ebenheitsabweichungen

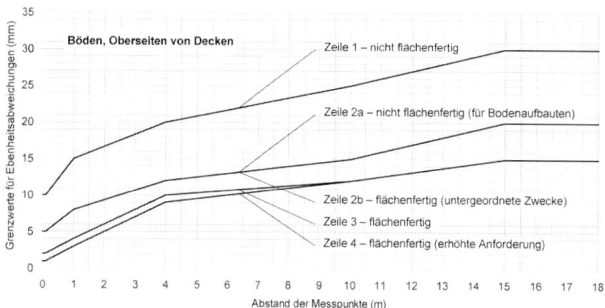

Abb. 1.5.3: Grenzwerte für Ebenheitsabweichungen von Oberseiten von Decken, Estrichen und Fußböden nach DIN 18202:2013-04, Bild 5

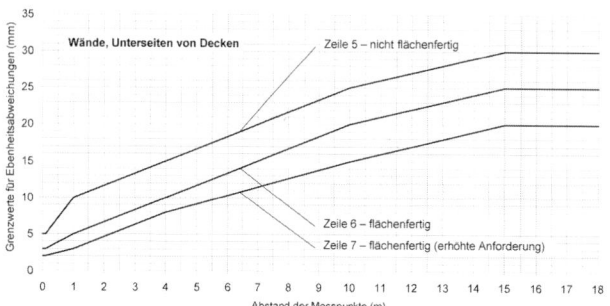

Abb. 1.5.4: Grenzwerte für Ebenheitsabweichungen von Wandflächen und Unterseiten von Decken nach DIN 18202:2013-04, Bild 6

Abstand der Mess- punkte in m	Grenzwerte für Ebenheitsabweichungen nach Tabelle 3 der DIN 18202 in mm							
	Zeile 1	Zeile 2a	Zeile 2b	Zeile 3	Zeile 4	Zeile 5	Zeile 6	Zeile 7
0 bis 0,1	10	5	5	2	1	5	3	2
0,1	10	5	5	2	1	5	3	2
0,2	11	5	5	2	1	6	3	2
0,3	11	6	6	2	1	6	3	2
0,4	12	6	6	3	2	7	4	2
0,5	12	6	6	3	2	7	4	2
0,6	13	7	7	3	2	8	4	3
0,7	13	7	7	3	2	8	4	3
0,8	14	7	7	4	3	9	5	3
0,9	14	8	8	4	3	9	5	3
1,0	15	8	8	4	3	10	5	3
1,5	16	9	9	5	4	11	6	4
2,0	17	9	9	6	5	12	7	5
2,5	18	10	10	7	6	13	8	6
3,0	18	11	11	8	7	13	8	6
3,5	19	11	11	9	8	14	9	7
4,0	20	12	12	10	9	15	10	8

Tabelle 1.5.4: Grenzwerte für Ebenheitsabweichungen nach DIN 18202:2013-04, Tabelle 3 (hervorgehobene Werte), und zusätzlich interpolierte Zwischenwerte (Fortsetzung nächste Seite)

Abstand der Mess-punkte in m	Grenzwerte für Ebenheitsabweichungen nach Tabelle 3 der DIN 18202 in mm							
	Zeile 1	Zeile 2a	Zeile 2b	Zeile 3	Zeile 4	Zeile 5	Zeile 6	Zeile 7
4,5	20	12	12	10	9	16	11	9
5,0	21	13	13	10	10	17	12	9
5,5	21	13	13	11	10	18	13	10
6,0	22	13	13	11	10	18	13	10
6,5	22	13	13	11	10	19	14	11
7,0	23	14	14	11	11	20	15	12
7,5	23	14	14	11	11	21	16	12
8,0	23	14	14	11	11	22	17	13
8,5	24	14	14	12	11	23	18	13
9,0	24	15	15	12	12	23	18	14
9,5	25	15	15	12	12	24	19	14
10,0	25	15	15	12	12	25	20	15
11,0	26	16	16	13	13	26	21	16
12,0	27	17	17	13	13	27	22	17
13,0	28	18	18	14	14	28	23	18
14,0	29	19	19	14	14	29	24	19
15,0	30	20	20	15	15	30	25	20

Tabelle 1.5.4 (Fortsetzung): Grenzwerte für Ebenheitsabweichungen nach DIN 18202:2013-04, Tabelle 3 (hervorgehobene Werte), und zusätzlich interpolierte Zwischenwerte

Erhöhte Anforderungen

Werden an die Ebenheit von Flächen **erhöhte Anforderungen** nach Tabelle 3, Zeile 4 (flächenfertige Böden) oder Zeile 7 (flächenfertige Wände und Unterseiten von Decken), gestellt, so ist dies nach der Formulierung in Abschnitt 5.4 der DIN 18202 **gesondert zu vereinbaren**. Mit der Klassifizierung „erhöhte Anforderungen" und dem Hinweis auf die gesonderte Vereinbarung wird zum Ausdruck gebracht, dass die Einhaltung solcher Anforderungen im Regelfall einen **erhöhten Aufwand** in der Herstellung und damit auch einen erhöhten Kostenaufwand erfordert.

Spritzbetonoberflächen

Die Grenzwerte für Ebenheitsabweichungen gelten gemäß DIN 18202, Abschnitt 5.4, nicht für **spritzrau belassene Spritzbetonoberflächen**. Für spritzrau belassene Spritzbetonoberflächen ist eine Anwendung der DIN 18202 nicht sinnvoll, weil bedingt durch das Herstellverfahren, ausführungsbedingte Schichtdickenschwankungen und an der Oberfläche verbleibende Zuschlagskörner eine vergleichsweise sehr unebene Oberfläche entsteht, für die eine Beurteilung der Ebenheitsabweichung nach DIN 18202 nicht zweckmäßig ist. Werden Spritzbetonoberflächen jedoch einer **zusätzlichen Bearbeitung** unterzogen und dergestalt geglättet, dass die flächenfertige Oberfläche etwa mit der Herstellung einer glatten Putzoberfläche vergleichbar ist, so ist eine Beurteilung nach den Regelungen der DIN 18202 durchaus möglich.

Einreihiges Mauerwerk

Bei **einreihigem Mauerwerk**, dessen Dicke gleich einem Steinmaß ist, gelten die Ebenheitstoleranzen nur für die bündige Seite. Für die Beurteilung von Ebenheitsabweichungen bei einreihigem Mauerwerk ist eine **Überprüfung beider Wandseiten**, also sowohl der bündig als auch der nicht bündig vermauerten Wandseite, zulässig. Bei der Überprüfung einer nicht bündig vermauerten Wandseite sind jedoch die **Maßabweichungen der Mauersteine** zusätzlich zu berücksichtigen. Wird also die bündige Seite überprüft, so erhält man nur die ausführungsbedingten Ebenheitsabweichungen und kann diese mit den Grenzwerten für Ebenheitsabweichungen nach Tabelle 3 der DIN 18202 vergleichen. Wird die nicht bündig vermauerte Seite überprüft, so sind die Maßabweichungen der Stoffe von den ermittelten Ebenheitsabweichungen abzuziehen und die verbleibenden Werte können als ausführungsbedingte Ebenheitsabweichungen ebenfalls mit den Grenzwerten für Ebenheitsabweichungen nach Tabelle 3 der DIN 18202 verglichen werden. Als Bezugspunkt soll die bündige Seite des Mauerwerks angegeben werden.

Maßabweichungen bei Bauprodukten

Die bei Bauprodukten zulässigen Maßabweichungen sind in den Grenzwerten für Ebenheitsabweichungen nach Tabelle 3 der DIN 18202 nicht enthalten. Maßabweichungen der Bauprodukte sind zusätzlich zu den ausführungsbedingten Maßabweichungen zu berücksichtigen.

Absätze und Höhensprünge zwischen benachbarten Bauteilen

Höhenversätze sollen bei flächenfertigen Wänden, Decken, Estrichen und Bodenbelägen vermieden werden. Hierunter ist nicht die **durch die Flächengestaltung bedingte Struktur** zu verstehen (z. B. schalungsbedingte Rauigkeit von Sichtbetonflächen, Kornüberstände rauer Strukturputze, Überlappungen verklebter Dachbahnen, Falze von Blechbekleidungen).

Die Betrachtung von Ebenheitsabweichungen und eine Beurteilung nach den Grenzwerten in Tabelle 3 der DIN 18202 sind auf **in sich geschlossene Flächen** mit einem **allmählichen Verlauf** der Fläche zwischen ihren Rändern beschränkt. Die Ränder der Fläche oder Übergänge zu angrenzenden Flächen lassen sich hingegen mit den Grenzwerten der DIN 18202 für Ebenheitsabweichungen nicht beurteilen, weil dort ein eindeutiger Bezug von Stichmaß und zugehörigem Nennmaß für den Messpunktabstand im Sinne der Definition für Ebenheitsabweichungen in der DIN 18202 nicht gegeben ist. Würde man eine Richtlatte über die Stoßstelle legen, so ergäben sich annähernd gleiche Stichmaße für unterschiedliche Messpunktabstände (vgl. Abb. 1.5.5).

Für **Knickstellen** an höhengleichen Übergängen zwischen benachbarten Bauteilen finden die Regelungen nach DIN 18202, insbesondere für Ebenheitsabweichungen, ebenfalls keine Anwendung. Auch in diesem Fall besteht kein eindeutiger Bezug zwischen dem Stichmaß für die Winkelabweichung und einem zugehörigen Nennmaß oder Messpunktabstand. Die Messung einer Winkelabweichung ist gemäß DIN 18202

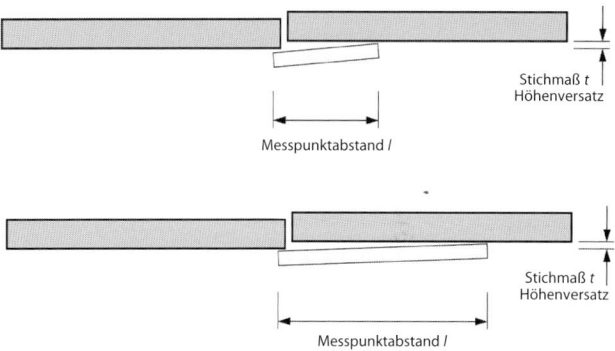

Abb. 1.5.5: An Höhenversätzen benachbarter Bauteile besteht kein eindeutiger Bezug von Stichmaß und zugehörigem Nennmaß für den Messpunktabstand im Sinne der Definition für Ebenheitsabweichungen in DIN 18202. Eine willkürliche Festlegung der Bezugsgröße (Messpunktabstand) ist nicht zulässig.

nur über die gesamte Bauteillänge zulässig. Die in DIN 18202 angegebenen Grenzwerte für eine Winkelabweichung können für die Messung über eine Teillänge nicht angewendet werden (vgl. Abb. 1.5.6).

Die Grenzwerte für Ebenheitsabweichungen nach DIN 18202 können somit an **Stoßstellen** oder **Unstetigkeitsstellen im Verlauf einer Fläche** keine Anwendung finden. Hierzu zählen beispielsweise Filigrandeckenstöße, Plattenränder oder Knickstellen innerhalb von Flächen, die aus einzelnen Platten zusammengesetzt sind, wie beispielsweise Bekleidungen aus Dämmplatten. Die Beurteilung von Absätzen und Höhen-

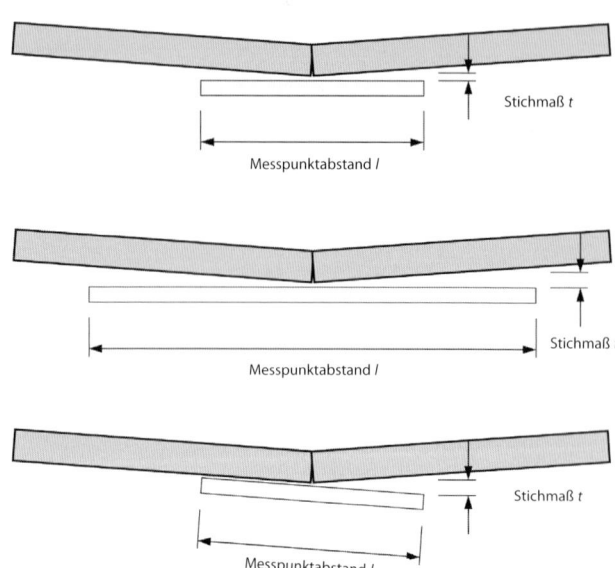

Abb. 1.5.6: An einer Knickstelle besteht kein eindeutiger Bezug zwischen Stichmaß und Messpunktabstand.

sprüngen zwischen benachbarten Bauteilen liegt damit **außerhalb des Anwendungsbereichs** der DIN 18202. Für die Bauausführung sind, soweit erforderlich, im Einzelfall Regelungen für die Behandlung von Absätzen und Höhensprüngen zu treffen. Wird eine solche Regelung im Einzelfall versäumt, so lässt dies eine Anwendung der DIN 18202 dennoch nicht zu.

5.5 Grenzwerte für Fluchtabweichungen bei Stützen

Für die Betrachtung von Fluchtabweichungen sind in DIN 18202 folgende Begriffe definiert:

- **Flucht** (Verbindungslinie zwischen 2 Punkten)

- **Fluchtabweichung** (Istabweichung eines Punktes von der Flucht)

- **Grenzwert für die Fluchtabweichung**

Für die Beurteilung von Fluchtabweichungen bei einer **Stützenreihe** von 3 oder mehr Stützen wird als **Bezugslinie** für die Betrachtung der Flucht die horizontale Verbindungslinie zwischen der Istlage der Endstützen der Stützenreihe herangezogen. Die Fluchtabweichung der Zwischenstützen wird als Stichmaß mit einem orthogonalen Bezug auf die Flucht ermittelt.

Die **Anwendung** der Grenzwerte für Fluchtabweichungen bei Stützen ist für Stützenreihen vorgesehen, die zwar in einer Ebene stehen, aber **keine geschlossene Fläche** bilden.

Spalte	1	2	3	4	5	6
Zeile	**Bezug**	**Stichmaße als Grenzwerte in mm** bei Nennmaßen in m als Messpunktabstand				
		bis 3	von 3 bis 6	über 6 bis 15	über 15 bis 30	über 30
1	zulässige Abweichungen von der Flucht	8	12	16	20	30

Tabelle 1.5.5: DIN 18202:2013-04, Tabelle 4 – Grenzwerte für Fluchtabweichungen bei Stützen

6   Prüfung

6.1   Allgemeines

Anlass der Prüfung

Die Prüfung von Maßabweichungen auf die Einhaltung der Toleranzen nach DIN 18202 ist nur dann vorzunehmen, **wenn es erforderlich ist**. Mit diesem Grundsatz wird in DIN 18202 klargestellt, dass es für die Überprüfung eines oder mehrerer Maße einen **konkreten Anlass** geben soll. Die Einhaltung von Toleranzen ist erforderlich, um die vorgesehene Funktion eines Bauteils oder Bauwerks zu erfüllen und das **funktionsgerechte** Zusammenfügen in der Phase des Rohbaus und des Ausbaus ohne Anpass- und Nacharbeiten zu ermöglichen.

Anlass für eine Prüfung kann neben einem **Passungsproblem** auch eine **optisch deutlich erkennbare Maßabweichung**, z. B. eine augenscheinlich auffällige Winkelabweichung oder Ebenheitsabweichung, sein. Insbesondere bei der Prüfung der Maßhaltigkeit einer Vorleistung für ein nachfolgendes Gewerk stellt die augenscheinliche Prüfung mit das wichtigste Prüfverfahren dar.

Zeitpunkt der Prüfung

Die Prüfung einer Maßabweichung ist wegen der in der Regel unvermeidbaren zeit- und lastabhängigen Verformungen **so früh wie möglich** durchzuführen. Damit wird sichergestellt, dass der zu prüfende Istzustand in weit überwiegendem Maße **ausführungsbedingte Maßabweichungen** aufweist. Dies ermöglicht einen direkten Vergleich mit den Grenzwerten für Maßabweichungen nach DIN 18202, da diese ausschließlich für die Ausführung gelten.

Die Prüfung soll spätestens bei der **Übernahme** der Bauteile oder des Bauwerks durch den Folgeauftragnehmer oder bei der **Fertigstellung** vorgenommen werden. Diese zeitliche Festlegung geht von der üblichen **Abfolge einzelner Gewerke** im Zuge einer Baumaßnahme aus. Die Prüfung der Maßhaltigkeit soll auf die Ausführung jeweils eines Gewerkes begrenzt werden, um eine eventuelle Maßabweichung unmittelbar der Ausführung zuordnen zu können.

Zeit- und lastabhängige Verformungen

Die nach der Fertigung und dem Einbau zusätzlich auftretenden **inhärenten Maßveränderungen** durch **Kriechen, Schwinden und Quellen** sind in den Toleranzen nach DIN 18202 nicht enthalten und zusätzlich zu berücksichtigen.

mineralische Baustoffe	Endschwindmaße in mm/m
Normalbeton, allgemein im Freien	−0,4 bis −0,2
Normalbeton, in Innenräumen	−0,6 bis −0,4
Spannbeton, im Freien	−0,22 bis −0,15
Spannbeton, in Innenräumen	−0,31 bis −0,19
Mauerziegel[1]	−0,1 bis +0,3 Rechenwert: 0,0
Kalksandstein[1]	−0,3 bis −0,1 Rechenwert: −0,2
Betonsteine[1]	−0,3 bis −0,1 Rechenwert: −0,2
Leichtbetonsteine, Normalmauermörtel[1]	−0,6 bis −0,2 Rechenwert: −0,4
Leichtbetonsteine, Leichtmauermörtel[1]	−0,6 bis −0,3 Rechenwert: −0,5
Porenbetonsteine, Dünnbettmörtel[1]	−0,2 bis +0,1 Rechenwert: −0,1
Holz	**Schwind- bzw. Quellmaß bei Änderung des Feuchtegehalts um 1 % in mm/m**
Fichte, Kiefer, Tanne (senkrecht zur Faser)	2,4[2]
Buche (senkrecht zur Faser)	3,0[2]
allgemein, parallel zur Faser	0,1[2]

[1] angegebene Werte aus DIN EN 1996-1-1/NA:2012-05, Tabelle NA.13

[2] halbe Werte bei behindertem Schwinden und Quellen

Tabelle 1.6.1: Schwindmaß von Baustoffen

Baustoff		mittlere Wärmeausdehnung in mm/(m × K)
mineralische Baustoffe	Beton	0,009 bis 0,012
	Gasbeton	0,006 bis 0,008
	Kalksandsteine	0,007 bis 0,009
	Mauerziegel	0,006
	Klinker, Vollklinker	0,004
	Ziegel, Fliesen	0,005 bis 0,008
	Leichtbetonsteine	0,010
	Leichtbetonsteine mit Blähtonzuschlag	0,008
	porosierte Leichthochloch-ziegel	0,005 bis 0,007
	Betonsteine	0,010
	Porenbetonsteine	0,008
	Porenbeton	0,008
	Edelputze	0,005 bis 0,009
Metalle	Stahl	0,012
	Eisen	0,123
	Aluminium	0,024
	Kupfer	0,017

Tabelle 1.6.2: Mittlere Wärmeausdehnung in mm/(m × K) nach Hohmann, 2007 (Fortsetzung nächste Seite)

Baustoff		mittlere Wärmeausdehnung in mm/(m × K)
Natursteine	Granite	0,005 bis 0,011
	Kalksteine	0,004 bis 0,012
	Sandsteine	0,008 bis 0,012
	Marmor	0,005
Dämmstoffe	Polystyrol-Hartschaum	0,068
	Polyurethan-Hartschaum	0,070
	Schaumglas	0,009
Holz	Vollholz parallel zur Faser	0,003 bis 0,010
	Vollholz senkrecht zur Faser	0,025 bis 0,060
Kunststoffe	PVC hart	0,070 bis 0,080
	PVC weich	0,125 bis 0,180
Sonstiges	Glas	0,008 bis 0,009

Tabelle 1.6.2 (Fortsetzung): Mittlere Wärmeausdehnung in mm/(m × K) nach Hohmann, 2007

Messverfahren und Messunsicherheit

Die **Wahl des Messverfahrens** bleibt dem Prüfer überlassen. Der Prüfer kann ausgehend vom konkreten Anlass für die Vornahme einer Prüfung ein Messverfahren auswählen, mit dem die aufgetretene Beanstandung am zutreffendsten beurteilt werden kann. Messgerät, Messverfahren und Umfang der Messung sind im Einzelfall festzulegen. Diese Vorgehensweise setzt voraus, dass der Prüfer über eine ausreichende Kenntnis der Toleranznorm verfügt und sachkundig ein **Beurteilungsmodell** aus den grundsätzlichen Regelungen in der Norm entwickeln kann.

Für das Messen und Vermessen auf der Baustelle sowie bei der Herstellung von Bauteilen stehen folgende **Messwerkzeuge** und **Messgeräte** zur Verfügung:

a) einfache Messwerkzeuge:

- Richtschnur

- Lot mit Schnur

- Gliedermessstab, Messlatten aus Holz

- Richtlatte, Wasserwaage

- Schlauchwaage

- Messkeil, Schieblehre

- Stahlwinkel

b) optische Vermessungsgeräte:

- optisches Nivelliergerät und Nivellierlatten

- optischer Theodolit

- elektronischer Theodolit

c) Laser-Messgeräte:

- Distanzlasermessgerät

- Linienlasergerät

- Rotationslasergerät

Für die Auswertung der Messergebnisse und die Bestimmung der **Messunsicherheit** sind zunächst die groben Fehler (sogenannte grobe Ausreißer) auszuscheiden. Die Messwerte werden danach um die bekannten systematischen Fehler berichtigt (Korrektur der Messergebnisse). Die verbleibende Streuung der Messergebnisse umfasst die Messabweichungen des Gerätes (maximal die Fehlergrenze des Gerätes) sowie zufällige und nicht erfassbare systematische Fehler beim Messen. Hieraus wird die Messunsicherheit ermittelt. Sie gibt den Bereich an, innerhalb dessen das unbekannte Ergebnis für den wahren Wert einer Größe mit einer statistischen Sicherheit liegen wird.

Messgerät	Messlänge	Fehlergrenze	Mess-unsicherheit
Messschieber/Schieblehre mit Nonius nach DIN 862	20 cm 1 m	0,04 mm 0,12 mm	0,1 mm 0,2 mm
Stahlmaßstab nach DIN 866	1 m	0,04 bis 0,1 mm	0,5 mm
Gliedermaßstab aus Holz (Meterstab)	1 m	1 mm	2 mm
Messlatten aus Holz	4 m	1 mm	2 mm
Bandmaß aus Stahl nach DIN 6403 bei 20 °C und 50 N Zugbelastung (Das Durchhängen des Stahlbandmaßes führt zu groben Fehlern.)	10 m 20 m 50 m	1,2 mm 2,2 mm 5,2 mm	– 5 mm 10 mm
Distanzlasergerät • mit Zieltafel	ca. 70 m ca. 200 m	1,5 mm 1,5 mm	

Tabelle 1.6.3: Geräte für die Längenmessung

Messgerät	Reichweite	Fehlergrenze	Mess-unsicherheit
optisches Nivelliergerät • hohe Genauigkeit • mittlere Gerätegenauigkeit		1,2 mm/km 2,5 mm/km	
Höhenmessung mit baustellenüblichen Mitteln • ohne Umsetzen des Gerätes • mit Umsetzen des Gerätes			2 mm 3 mm
Linienlasergerät	bis ca. 10 m	1,5 mm	
Rotationslasergerät • mit Strahlfänger • mit Empfänger	bis ca. 30 m bis ca. 150 m	0,75 mm/10 m 0,75 mm/10 m	
Präzisionsnivellierlatte mit Strichteilung nach DIN 18717		0,04 mm/m	
Nivellierlatte mit Felderteilung nach DIN 18703		0,6 mm/m	
Schlauchwaage • ohne Umsetzen • mit Umsetzen			2 mm 3 mm
Schlauchwaagen sollten nur einmal umgesetzt werden.			

Tabelle 1.6.4: Geräte für die Höhenmessung (Fortsetzung nächste Seite)

Messgerät	Reichweite	Fehlergrenze	Mess-unsicherheit
Wasserwaage mit optischer Libelle		1 mm/m	
Höhenmessung mit Richtscheit und Wasserwaage • ohne Umsetzen • mit Umsetzen Wasserwaagen sollten nur einmal umgesetzt werden.			2 mm 3 mm
elektronischer Neigungs-messer (Wasserwaage) • horizontal oder vertikal ausgerichtet • geneigt		1,5 mm/m 1,5 bis 3 mm/m	

Tabelle 1.6.4 (Fortsetzung): Geräte für die Höhenmessung

Messgerät	Länge	Fehlergrenze	Messun-sicherheit
Stahllineal (Ebenheit der Messkante)	2 m	0,05 mm	
Richtscheit aus Holz	2 m 4 m	0,5 mm 1,0 mm	
Stahlwinkel nach DIN 875	1 m × 2 m	0,12 mm	

Tabelle 1.6.5: Messhilfsgeräte

Die **messtechnische Begleitung der Ausführung** soll grundsätzlich orientierenden Charakter haben. Sie dient dazu, die Einhaltung der erforderlichen Maßgenauigkeit an ausgewählten, funktionsnotwendigen Punkten über die gesamte Ausführungsphase hinweg bis zur Fertigstellung sicherzustellen. Eine erste Prüfung wird dementsprechend durch Einzelmessungen an statistisch ausgewählten, aber für den weiteren Bauablauf wesentlichen Stellen erfolgen. Der Umfang weiterer Messungen richtet sich nach dem tatsächlichen Auftreten von Fehlern im Ergebnis solcher Einzelmessungen.

Zeitpunkt/Stadium	Inhalt der Kontrolle	Prüfung mittels [1)
Fertigstellung des Planums	Höhenlage der Sohle Außenabmessungen	Nivellier-/Längenmessung innerhalb der Absteckung
Fertigstellung einer Bodenplatte	Höhenlage insgesamt	Nivellement der Fläche in sich
	Höhenlage der Ränder zur Kontrolle der Winkelabweichungen	Anbindung des Nivellements an einen Höhenfestpunkt
	Rasternivellement der Fläche zur Kontrolle der Ebenheitsabweichungen	
	Außenabmessungen und Raster der Innenwände	Längenmessungen innerhalb der Absteckungen bzw. des Schnurgerüstes

Tabelle 1.6.6: Maßkontrollen bei der Erstellung des Rohbaus (Fortsetzung nächste Seite)

Zeitpunkt/Stadium	Inhalt der Kontrolle	Prüfung mittels [1]
Schalung einer Deckenplatte	Höhenlage insgesamt	Nivellement der Fläche in sich
	Höhenlage der Ränder zur Kontrolle der Winkelabweichungen	Anbindung des Nivellements an einen Höhenfestpunkt
	Rasternivellement der Fläche zur Kontrolle der Ebenheitsabweichungen	
	Außenabmessungen	Übertragung des Lotes ausgehend von der Sohle bzw. Sekundärpunkten
Fertigstellung einer Deckenplatte	Höhenlage insgesamt	Nivellement der Fläche in sich
	Höhenlage der Ränder zur Kontrolle der Winkelabweichungen	Anbindung des Nivellements an einen Höhenfestpunkt
	Rasternivellement der Fläche zur Kontrolle der Ebenheitsabweichungen	
	Raster der Innenwände	Längenmessung innerhalb der Lotübertragungen der Außenabmessungen
Fertigstellung einer Wandkonstruktion	Abmessungen der lichten Maße	Bandmaß oder Hand-Laser-meter
	Abmessungen der Öffnungen	Wasserwaage mit Messkeil
	Einzelmessungen der Fläche zur Kontrolle der Ebenheitsabweichungen	

[1] Maßkontrollen können in allen Fällen je nach gerätetechnischer Möglichkeit auch durch elektronische tachymetrische Datenaufnahme und EDV-gestützte Auswertung erfolgen.

Tabelle 1.6.6 (Fortsetzung): Maßkontrollen bei der Erstellung des Rohbaus

Zeitpunkt/Stadium	Inhalt der Kontrolle	Prüfung mittels [1]
vor Beginn der Ausbaugewerke	Höhenlage des Meterrisses in Bezug auf alle Anschluss-höhen	Maßstab, Nivelliergerät, Wasserwaage
bei Beginn eines Ausbaugewerkes	Einzelmessungen zur Maßhal-tigkeit des Untergrundes der gewerkespezifischen Leistung hinsichtlich Maßabweichungen, Winkelabweichungen und Ebenheitsabweichungen	Bandmaß, Maßstab Wasserwaage mit Messkeil Nivelliergerät
während der Ausführung eines Ausbaugewerkes	Einzelmessungen zur Maßhal-tigkeit der Gewerkeleistung hinsichtlich Maßabweichungen, Winkelabweichungen und Ebenheitsabweichungen zur stichprobenweisen Orientie-rung	Bandmaß, Maßstab Wasserwaage mit Mess-keil Nivelliergerät
bei Abschluss der Ausführung eines Ausbaugewerkes	Einzelmessungen zur Maßhaltig-keit der Gewerkeleistung hinsichtlich Maßabweichungen, Winkelabweichungen und Ebenheitsabweichungen, insbe-sondere an den Schnittstellen nachfolgender Gewerke	Bandmaß, Maßstab Wasserwaage mit Mess-keil Nivelliergerät

Tabelle 1.6.7: Maßkontrollen während der Ausbauphase (Fortsetzung nächste Seite)

Zeitpunkt/Stadium	Inhalt der Kontrolle	Prüfung mittels [1]
bei Abschluss der Gesamtleistung	Einzelmessungen zur Maßhaltigkeit des fertigen Gebäudes im Hinblick auf die Anforderungen für die Nutzung	Bandmaß, Maßstab Wasserwaage mit Messkeil Nivelliergerät

[1] Maßkontrollen können in allen Fällen je nach gerätetechnischer Möglichkeit auch durch elektronische tachymetrische Datenaufnahme und EDV-gestützte Auswertung erfolgen.

Tabelle 1.6.7 (Fortsetzung): Maßkontrollen während der Ausbauphase

6.2   Grundsätze der Prüfung

In der Systematik der DIN 18202 wird unterschieden zwischen den **Grundelementen**

- Punkt bzw. Länge einer Strecke zwischen einem Anfangspunkt und einem Endpunkt,

- Richtung als gerader Verbindung zwischen 2 Punkten und

- Ebene bzw. ebener Fläche.

Punkte werden durch ihren Abstand zu einem Bezugspunkt hinsichtlich ihrer Lage definiert. Die **Abweichung eines Punktes** geht mit einer Längenabweichung einher.

Richtungen werden definiert als geradlinie Verbindung zwischen dem Anfangs- und dem Endpunkt einer Linie. Eine **Richtungsabweichung** wird geprüft durch die orthogonale Abweichung von der Bezugslänge in ihrer Nennlage.

Die **Ebenheit einer Fläche** bezieht sich nur auf die geometrische Form der Ebene ohne Betrachtung deren absoluter Lage im Raum. Kenngröße für die **Ebenheitsabweichung** ist die Relation dreier auf der Ebene gelegener Punkte zueinander.

Die unterschiedlichen Abweichungsarten werden jede für sich geprüft (vgl. Abb. 1.6.1).

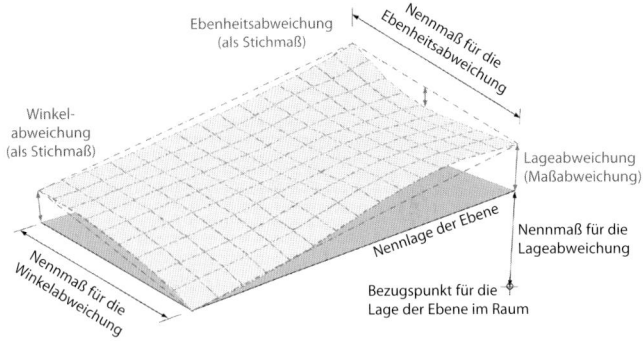

Abb. 1.6.1: Form- und Lageabweichungen einer Ebene

6.3   Prüfung von Maßen

Messpunkte für Maße im Grundriss

Die Maße für Länge, Breite, Achsabstand und Rasterabstand im Grundriss werden zwischen den Gebäudeecken bzw. den Achsenschnittpunkten über die gesamte Bauteillänge bzw. entsprechend den in den Ausführungszeichnungen angegebenen Nennmaßen gemessen (vgl. Abb. 1.6.2).

Beim Anlegen eines Grundrisses wird die Messung an der Deckenoberfläche vorgenommen. Bei der Überprüfung von Bauteilabmessungen sollen die Messpunkte jeweils in einem Abstand von ca. 10 cm von den Ecken bzw. Kanten des Bauteils angenommen werden, um Einflüsse aus Unregelmäßigkeiten an den Rändern, die nicht charakteristisch für die Maßhaltigkeit des Bauteils selbst sind, zu vermeiden.

Die **Bauteildicke** soll an 4 Punkten, die ca. 10 cm von den Ecken und Bauteilkanten entfernt liegen, festgestellt werden (vgl. hierzu Erläuterungen im Anhang A zur DIN 18202 sowie Abb. 1.6.3).

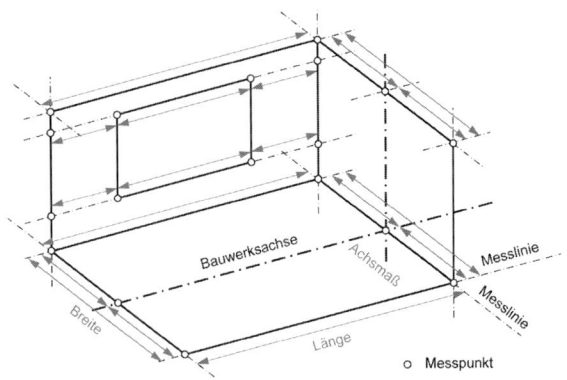

Abb. 1.6.2: Beispiele für Messpunkte und Maße im Grundriss

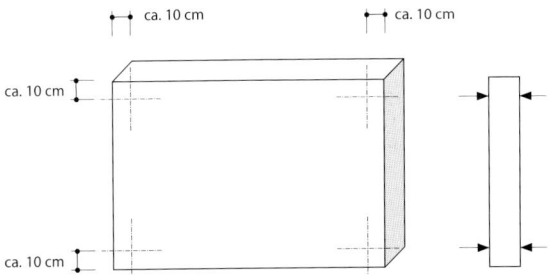

Abb. 1.6.3: Messpunkte für die Prüfung der Bauteildicke

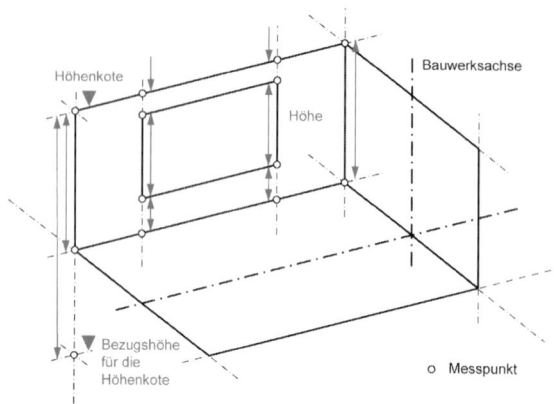

Abb. 1.6.4: Beispiele für Messpunkte und Maße im Aufriss

Messpunkte für Maße im Aufriss

Maße im Aufriss werden vertikal, also an übereinanderliegenden Messpunkten an markanten Stellen des Bauwerks gemessen. Dies sind z. B. Geschosshöhen, Podesthöhen, Abstände von Aufstandsflächen und Konsolen, Deckenkanten, Brüstungen, Unterzüge etc. Soweit Nennmaße für die Ausführung zu überprüfen sind, sind die in den Zeichnungen angegebenen Nennmaße für Abmessungen und auch Höhenkoten zu messen (vgl. Abb. 1.6.4).

Bei **Querschnittsveränderungen** von Bauteilen liegen die Messpunkte möglichst ca. 10 cm von den Änderungen der Querschnitte entfernt (vgl. Abb. 1.6.5).

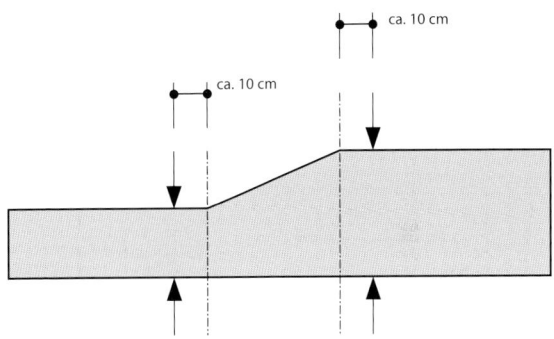

Abb. 1.6.5: Messpunkte für die Prüfung der Bauteildicke an Querschnittsveränderungen

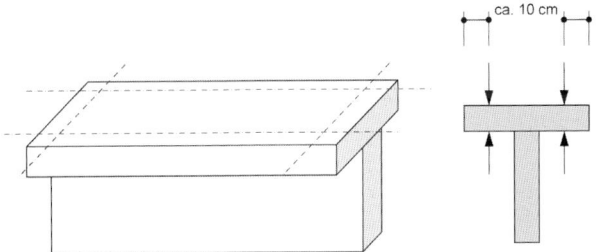

Abb. 1.6.6: Messpunkte für die Prüfung der Bauteildicke an Trägerquerschnitten

Der **Querschnitt von Trägern** soll – soweit möglich – an Messpunkten in ca. 10 cm Abstand von den Kanten nachgemessen werden (vgl. Abb. 1.6.6).

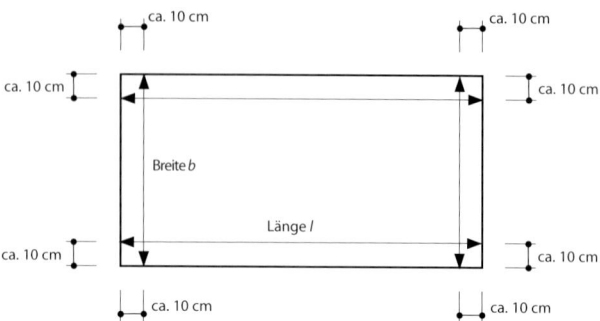

Abb. 1.6.7: Messpunkte für die Prüfung lichter Maße im Grundriss

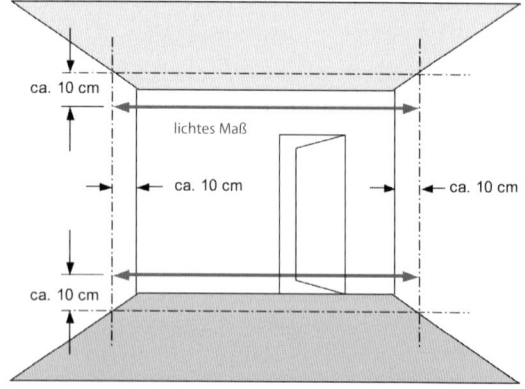

Abb. 1.6.8: Messpunkte für die Prüfung lichter Maße im Grundriss

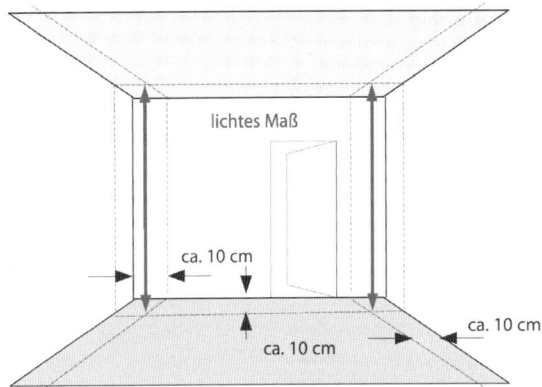

Abb. 1.6.9: Messpunkte für die Prüfung lichter Maße im Aufriss

Messpunkte für lichte Maße im Grundriss

Lichte Maße im Grundriss, z. B. die Maße zwischen Stützen, Pfeilern usw., werden in einer Höhe von ca. 10 cm über dem Fußboden und in einer zweiten Höhe in einem Abstand von ca. 10 cm unterhalb der Decke gemessen. Die Maße sind jeweils in einem Abstand von ca. 10 cm von den Ecken zu nehmen. Das zu prüfende Maß wird über die gesamte lichte Breite gemessen (vgl. Abb. 1.6.7 und Abb. 1.6.8).

Messpunkte für lichte Maße im Aufriss

Lichte Maße im Aufriss, z. B. unter Decken und Unterzügen, werden in einem Abstand von ca. 10 cm von den Bauteilekken gemessen (vgl. hierzu Erläuterungen im Anhang A zur DIN 18202 sowie Abb. 1.6.9).

Lichte **Höhen unter Unterzügen** werden ebenfalls an beiden Kanten in einem Abstand von ca. 10 cm von der Auflagerkante gemessen. Für Unterzüge mit einer Breite von 20 cm fallen diese beiden Messpunkte zusammen. Für eine Breite der Unterzüge bis ca. 30 cm wird in der Praxis eine Messung, z. B. in der Mitte des Unterzugs, ausreichen.

Messpunkte für Öffnungen

Öffnungen werden hinsichtlich ihrer lichten Maße im **Grundriss** und ihrer lichten Maße im **Aufriss** überprüft. Die Messpunkte werden jeweils in einem Abstand von ca. 10 cm von den Ecken bzw. Kanten der Öffnung angenommen (vgl. Abb. 1.6.10).

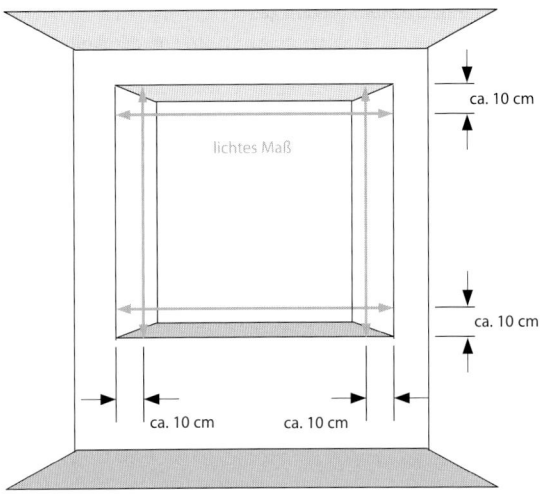

Abb. 1.6.10: Messpunkte für die Prüfung der Maße von Öffnungen

6.4   Prüfung von Winkeln

Bei der Prüfung von Winkeln wird von den gleichen Messpunkten ausgegangen wie bei der Prüfung von Maßen bzw. lichten Maßen bzw. Öffnungsmaßen, und zwar sowohl im Grundriss als auch im Aufriss.

Winkelabweichungen werden nur über die gesamte Bauteillänge geprüft.

Für die Prüfung eines **Winkels im Grundriss** zwischen 2 Bauteilen (im Allgemeinen Wände) wird zunächst eine Bezugslinie als Richtung der zu beurteilenden Bauteile festgelegt, indem eine Gerade im Abstand von ca. 10 cm von den Endpunkten der zu beurteilenden Bauteile abgesetzt wird. Der Nennwinkel zwischen 2 Bauteilen ist dann von der Bezugslinie (bzw. Richtung) des längeren Bauteils abzutragen. Die als Stichmaß festgestellte Abweichung ist auf das Nennmaß des kürzeren Bauteils zu beziehen (vgl. Abb. 1.6.11).

Alternativ zu einem Messen der Winkelabweichung vor Ort bietet sich an, die Istmaße der Bauteile (z. B. der 4 Seiten eines Raumes) zu messen und anschließend – räumlich getrennt – eine rechnerische Auswertung der festgestellten Abmessungen hinsichtlich der Winkelabweichungen und der (Längen-) Maßabweichungen vorzunehmen.

Für die zeichnerische Rekonstruktion der Bauteilabmessungen und der Lage der Bauteile zueinander sind die Maße bzw. die lichten Maße für Länge, Breite und ggf. Höhe zu nehmen. Für die Orientierung der Bauteile zueinander sind zusätzlich Spannmaße zu messen, z. B. über die Diagonale eines Raumes (vgl. Abb. 1.6.12).

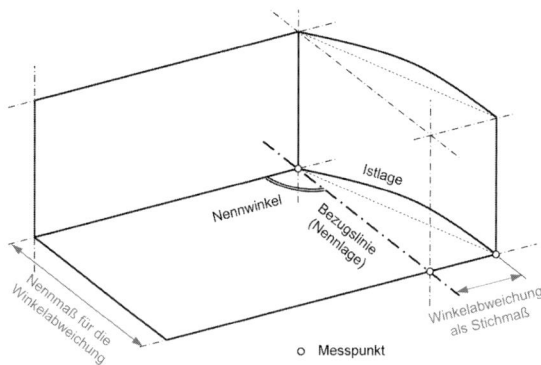

Abb. 1.6.11: Beispiel für die Prüfung der Winkelabweichung im Grundriss

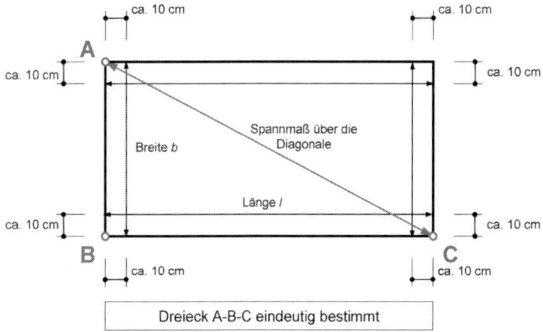

Abb. 1.6.12: Messen der Bauteilabmessungen im Grundriss anhand von lichten Maßen und Spannmaßen; die Spannmaße werden nicht an den Messpunkten für lichte Maße, sondern auf der Bauteiloberfläche genommen

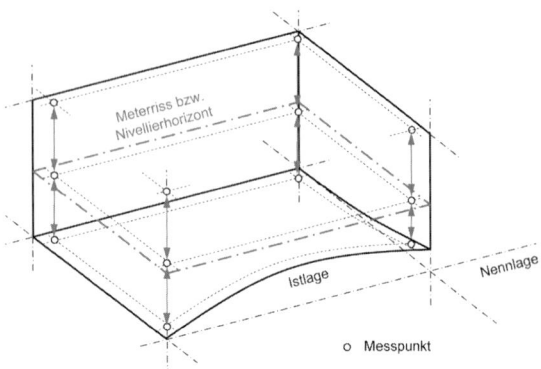

Abb. 1.6.13: Vorgehensweise zur Prüfung der Winkelabweichung horizontaler Bauteile im Aufriss mittels eines Meterrisses oder Nivellier- horizontes

Winkelabweichungen von horizontalen Bauteilen im Aufriss (z. B. Bodenplatten, Decken, Estriche, Bodenbeläge, Unter- decken) werden in der Regel in Bezug auf die Horizontale ermittelt.

Für die Prüfung eines **Winkels im Aufriss** ist eine horizonta- le Bezugslinie (z. B. ein Meterriss oder ein Nivellierhorizont in anderer Höhe) anzulegen. Die gewählte horizontale Bezugsli- nie ist ggf. an einem weiteren Bezugspunkt auszurichten (z. B. Meterriss, aufbauend auf den Höhenbezugspunkten eines Geschosses). Ausgehend von der horizontalen Bezugslinie sind Maße jeweils im Abstand von ca. 10 cm an den Rändern des zu beurteilenden Bauteils zu messen (vgl. Abb. 1.6.13).

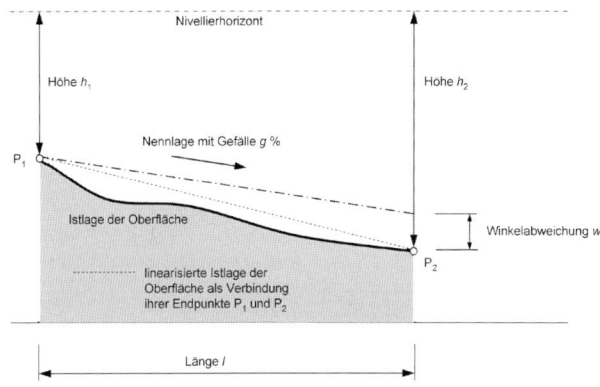

Abb. 1.6.14: Schema zur Ermittlung der Winkelabweichung einer planmäßig geneigten Fläche im Aufriss; für die Winkelabweichung w gilt:
$w = h_2 - h_1 - (g/100) \times l$
(mit h_1 bzw. h_2 = gemessene Höhe am Randpunkt P_1 bzw. P_2 der Fläche;
g = vorgesehenes Sollgefälle der Fläche in %;
l = Abstand der Randpunkte P_1 und P_2)

Das als Höhendifferenz zwischen 2 Messpunkten verbleibende Stichmaß ist auf das dem Abstand der Messpunkte zugehörige Nennmaß zu beziehen und mit den Grenzwerten für Winkelabweichungen zu vergleichen.

Bei **schwach geneigten Bauteilen** (z. B: Gefälleestrich, Flachdächer) werden Winkelabweichungen analog zu horizontalen Bauteilen im Aufriss in Bezug auf die Horizontale ermittelt. Bei der Winkelabweichung ist lediglich das Sollgefälle zusätzlich zu berücksichtigen (siehe Abb. 1.6.14).

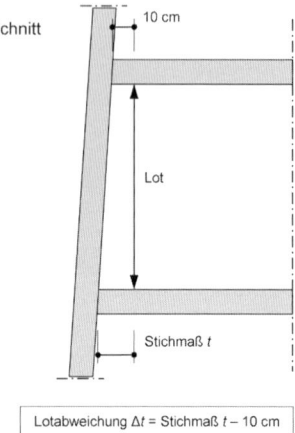

Abb. 1.6.15: Prüfung der Winkelabweichung vertikaler Bauteile im Aufriss (Schnitt durch Gebäudeaußenwand mit Anordnung eines Lotes)

Bei **vertikalen Bauteilen** wird die Winkelabweichung in Bezug auf die Vertikale bzw. eine vorgesehen Neigung ermittelt. Der Bezug auf angrenzende Bauteile ist nicht relevant. Für die Beurteilung ist das Stichmaß zur Vertikalen bzw. zu einer Bezugslinie in der vorgesehenen Neigung an den Ecken eines Bauteils maßgebend. Die Stichmaße sind jeweils in einem Abstand von ca. 10 cm vom Fußboden bzw. ca. 10 cm von der Decke zu ermitteln. Die Abweichung von der Senkrechten wird als Differenz der beiden Stichmaße ermittelt und ist auf das dem Abstand der beiden Messpunkte zugehörige Nennmaß zu beziehen (vgl. Abb. 1.6.15).

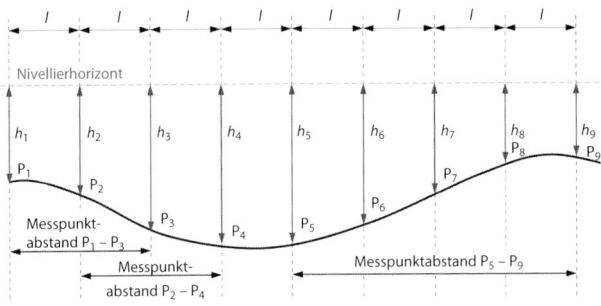

Abb. 1.6.17: Prüfung der Ebenheitsabweichungen mittels Nivellement an den Schnittpunkten eines Rasters

auf der Verbindungslinie zweier Rasterpunkte liegen, werden – im Gegensatz zur Einzelmessung mit der Messlatte – nicht erfasst. Da die Rasterteilung unabhängig von der Lage der Hoch- bzw. Tiefpunkte erfolgt, ist es bei diesem Verfahren wesentlich, die zu untersuchende **Fläche** möglichst gut **durch ein Gitternetz anzunähern**. Je kleiner der Rasterabstand gewählt wird, desto besser wird die Annäherung der Flächenabbildung durch das Gitternetz. Die Messergebnisse spiegeln eine Fläche wider, die nur eine Annäherung an die realen Gegebenheiten darstellt, die tatsächlichen Verhältnisse jedoch nie ganz erreicht. Die verbleibende Unschärfe der Messung bzw. die Größenordnung des Fehlers für die Auswertung der Stichmaße in den Rasterschnittpunkten ist deshalb sorgfältig zu überlegen und bei der Beurteilung der Maßabweichungen zu berücksichtigen (vgl. Abb. 1.6.17).

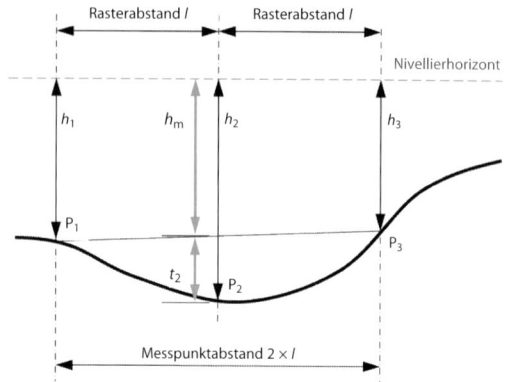

Abb. 1.6.18: Ermittlung des rechnerischen Stichmaßes für die Ebenheitsabweichung t_2 in einem Punkt P_2 mit
$t_2 \quad = h_2 - h_m$ und
$h_m = {}^1\!/_2 \times (h_1 + h_3)$

In der **rechnerischen Auswertung der Messergebnisse** wird die Ebenheitsabweichung jedes Rasterpunktes berechnet als die Differenz zwischen der gemessenen Höhe an dem jeweils betrachteten Rasterpunkt und der mittleren Höhe der beiden benachbarten und auf einer Messlinie liegenden Rasterpunkte. Das so ermittelte **rechnerische Stichmaß** für die Ebenheitsabweichung wird mit den Grenzwerten für die Ebenheitsabweichung verglichen (vgl. Abb. 1.6.18).

Für die **Beurteilung der Messergebnisse** eines Rasternivellements nach den Grenzwerten für Ebenheitsabweichungen in DIN 18202 wird jeweils der tiefste Rasterpunkt zwischen

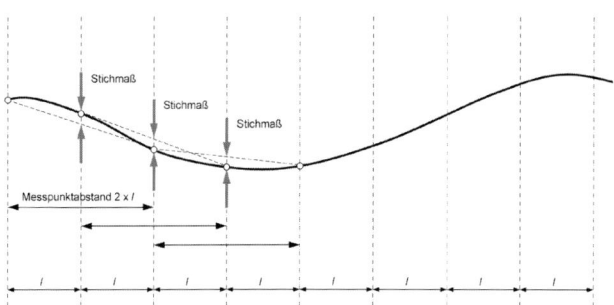

Abb. 1.6.19: Auswertung eines Rasternivellements – erster Schritt

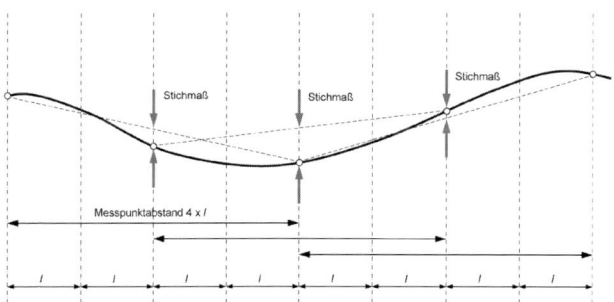

Abb. 1.6.20: Auswertung eines Rasternivellements – zweiter Schritt

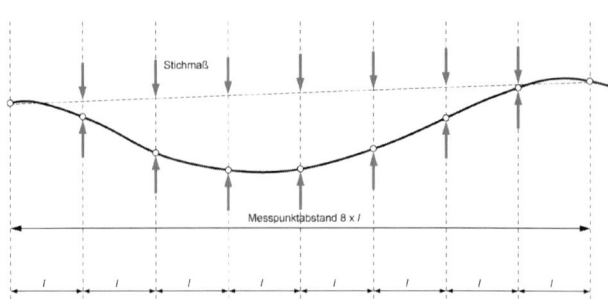

Abb. 1.6.21: Auswertung eines Rasternivellements – dritter Schritt

2 Hochpunkten des Rasters betrachtet. Die Auswertung ist für **verschiedene Kombinationen von Hoch- und Tiefpunkten** auf jeder Rasterlinie, d. h. für verschiedene Abstände der Hochpunkte, vorzunehmen. Die Grenzwerte der Ebenheitsabweichungen müssen für alle Kombinationen von 2 Hochpunkten und dem dazwischenliegenden tiefsten Rasterpunkt eingehalten sein. Das Nivellement ist dementsprechend für verschiedene Rasterabstände auszuwerten (vgl. Abb. 1.6.19, 1.6.20 und 1.6.21).

Die Auswertung ist so vorzunehmen, dass die **Istabweichung der Fläche möglichst zutreffend beschrieben** werden kann.

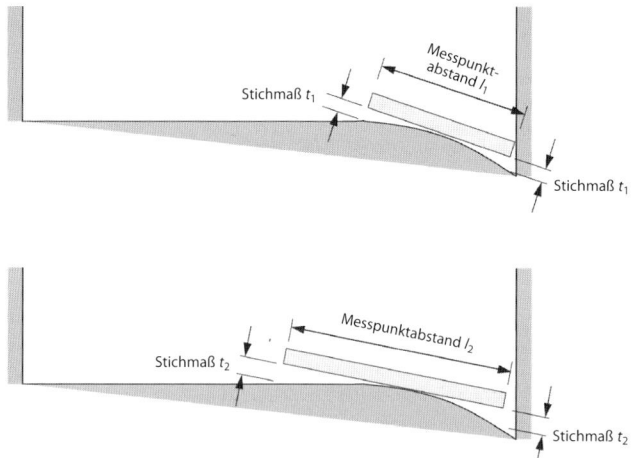

Abb. 1.6.22: Ebenheitsmessung an einer freien Ecke für verschiedene Messpunktabstände l_1 und l_2 sowie verschiedene zugehörige Stichmaße t_1 und t_2

Ebenheitsabweichungen an freien Ecken

Die **Abweichung von der Ebenheit** ist folgendermaßen zu überprüfen (vgl. Abb. 1.6.22):

- Eine Messlatte mit einer Länge l_1 wird in dem Krümmungsbereich so aufgelegt, dass der Abstand zu der zu untersuchenden Fläche an den beiden auskragenden Enden jeweils gleich groß ist. Das ausgemittelte Stichmaß an den auskragenden Enden wird auf die Länge der Richtlatte bezogen und mit den Grenzwerten für Ebenheitsabweichungen nach DIN 18202, Tabelle 3, verglichen; anschließend Wiederholung der Messung für weitere Messpunkte;

- Wiederholung der Vorgehensweise für eine zweite Richtlatte mit einer Messlänge l_2 und für mehrere Messpunkte;

- Wiederholung für eine dritte Richtlatte mit der Messlänge l_3 usw.

Bei dieser Vorgehensweise wird der ungünstigste Fall durch ein maximales Verhältnis von Stichmaß und Messpunktabstand beschrieben. Diesem Fall kann man sich bei empirischer Messung durch die Verwendung verschiedener Richtlatten nur annähern.

Die Prüfung des Krümmungsbereiches mit einem **Flächennivellement** stellt eine vergleichsweise einfachere Vorgehensweise dar. Das Messpunktraster wird auf einen zu untersuchenden Krümmungsbereich beschränkt. Je nach Krümmung und Flächengröße wird ein Rasterabstand gewählt, ca. 0,1, 0,2 oder 0,5 m. Die Rasterpunkte werden nivelliert und anschließend rechnerisch ausgewertet.

Eine Ebenheitsmessung durch Auflegen der Messlatte auf der Fläche und Messung des Stichmaßes am auskragenden Ende der Messlatte ist nicht geeignet, die Ebenheitsabweichung im Sinne der DIN 18202 zu prüfen. Bei einer solchen

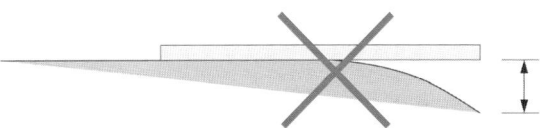

Abb. 1.6.23: Bei der Ermittlung des Stichmaßes unter dem auskragenden Ende einer auf die Fläche aufgelegten Messlatte stehen Stichmaß und Messpunktabstand nicht in einem festen Verhältnis.

Vorgehensweise besteht kein eindeutig bestimmter Zusammenhang zwischen dem Stichmaß und dem zugehörigen Nennmaß für den Messpunktabstand (vgl. Abb. 1.6.23).

Überlagerung von Winkelabweichung und Ebenheitsabweichung

Ebenheitsabweichungen einer Fläche dürfen nicht mit der Lage der Fläche in einem gemeinsamen Wert beurteilt werden, weil die Grenzwerte für Winkelabweichungen nach DIN 18202, Tabelle 2, unabhängig von den Grenzwerten für Ebenheitsabweichungen nach DIN 18202, Tabelle 3, gelten. Die **Prüfung** ist dementsprechend **getrennt vorzunehmen**. Die Betrachtung der Winkelabweichung beschränkt sich auf die Lage einer Fläche innerhalb des Koordinationsraumes. Die Betrachtung der Ebenheitsabweichung bezieht sich hingegen nur auf den Verlauf einer Fläche innerhalb ihrer Ränder, unabhängig von deren Lage innerhalb des Koordinationsraumes.

Für die Beurteilung der Neigung einer Fläche bzw. deren Winkelabweichung wird die **idealisierte Fläche** als lineare Verbindung ihrer Eckpunkte an den Flächenrändern betrachtet. Die Abweichung dieser idealisierten Fläche von der Nennlage der Fläche wird nach den Winkelabweichungen in DIN 18202, Tabelle 2, beurteilt. Nennmaß für die Beurteilung ist der Abstand der Eckpunkte der Fläche.

Die **Ebenheitsabweichung** wird durch **Vergleich von 3 Messpunkten**, 2 Hoch- und einem dazwischenliegenden Tiefpunkt, beurteilt. Die Ebenheitsabweichung wird für jeden Punkt betrachtet, und zwar jeweils bezogen auf die angrenzenden Punkte auf der betrachteten Messlinie.

Das Auflegen einer Richtlatte auf einem Hochpunkt innerhalb einer Fläche und anschließende horizontale Ausrichten ist nicht zulässig. Bei dieser Vorgehensweise stellt das gemessene Stichmaß eine **Kombination** aus Winkelabweichung und Ebenheitsabweichung dar. Die beiden Komponenten der gemessenen Gesamtabweichung lassen sich jedoch anteilig nicht bestimmen. Ein Vergleich des Messergebnisses mit den Grenzwerten für Winkel- bzw. Ebenheitsabweichungen nach DIN 18202 ist also **nicht möglich** (vgl. Abb. 1.6.24).

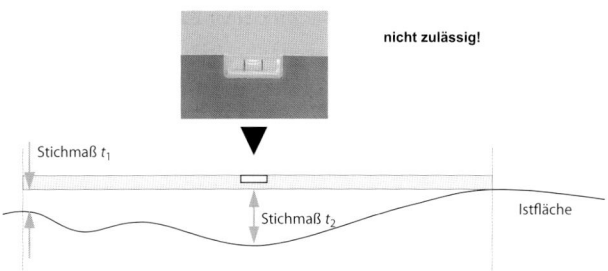

Abb. 1.6.24: Die gleichzeitige Messung einer Winkelabweichung und einer Ebenheitsabweichung mit einer Richtlatte, die auf einem Hochpunkt aufgelegt und dann nach der Horizontalen ausgerichtet wird, ist nicht zulässig.

6.6   Prüfung der Lage von Stützen in der Flucht

Bei der Prüfung einer Abweichung von der Flucht wird die **Lage einer Zwischenstütze** in Bezug auf die Verbindungslinie (Flucht) der beiden Endstützen einer Stützenreihe beurteilt. Die **absolute Lage** der Endstützen und auch der Zwischenstützen innerhalb des Koordinationsraumes bleibt außer Betracht. Die Orientierung der Flucht innerhalb des Koordinationsraumes ist anhand von Lageabweichungen der beiden Endstützen der Stützenreihe zusätzlich zu prüfen (z. B. nach den Grenzabweichungen).

Die **Messung** kann analog zur Prüfung der Maße im Grundriss in 2 Höhen, nämlich am Stützenfuß oder am Stützenkopf, vorgenommen werden. Die Verbindungslinie wird mit ca. 10 cm Abstand vom Boden bzw. mit ca. 10 cm Abstand unterhalb des Stützenkopfes angelegt. Für die Durchführung der Messung ist die Verbindungslinie als Bezugslinie für die Stichmaßermittlung von den beiden Endstützen jeweils ca. 10 cm seitlich abzusetzen.

Die Stichmaße für die Fluchtabweichung werden zwischen der Verbindungslinie und der Vorderkante der Stütze in der Stützenachse gemessen.

Als **Messpunktabstand** für den Bezug des Stichmaßes wird die Summe der beiden angrenzenden Achsabstände definiert. Der Achsabstand innerhalb einer Stützenreihe muss nicht einheitlich sein (vgl. Abb. 1.6.25).

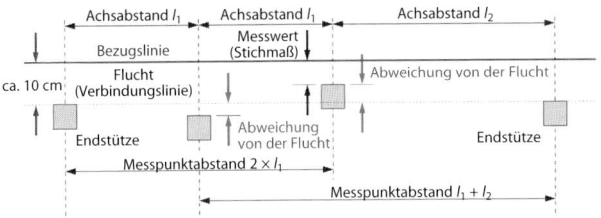

Abb. 1.6.25: Prüfung der Lage von Zwischenstützen in der Flucht nach DIN 18202, Bild 13

7   Anhang A (informativ) – Erläuterungen

7.1   Maßabweichungen für Bauwerksmaße, Erläuterungen zum Bezugsverfahren

Vermessungstechnisches Bezugssystem

Für das Positionieren eines Bauwerks und seiner Bauteile, das Anlegen von Maßen in der Bauausführung und das Kontrollieren von Maßen bis zur Fertigstellung ist ein vermessungstechnisches **Bezugssystem** erforderlich. Ein Bezugssystem besteht aus einem Koordinatensystem und einem Festpunktfeld. Die Position von Punkten innerhalb des dreidimensionalen Raumes wird damit eindeutig festgelegt.

Ein **Koordinatensystem** besteht aus seinem Ursprung und seiner Orientierung. Zu dem Koordinatensystem gehören Angaben zur Abbildung von Punkten innerhalb des Systems. In der Bauvermessung sind dies Angaben zu den Lagekoordinaten x und y und zur Höhenkoordinate H.

Das **Festpunktfeld** umfasst die in einem Koordinatensystem bestimmten und eindeutig identifizierbaren Vermessungspunkte, z. B. Lage- und Höhenfestpunkte.

Das **äußere Bezugssystem** für die Gebäudevermessung (auch als Primärnetz bezeichnet) besteht aus ausgewählten öffentlichen Vermessungspunkten. Die hierfür verwendeten Vermessungspunkte müssen außerhalb des Baustellenraumes liegen und dürfen durch die Baumaßnahme keine Veränderung erfahren.

Innerhalb des äußeren Bezugssystems werden ein oder mehrere **innere Bezugssysteme** (auch als Sekundärnetz bezeichnet) angelegt, deren Vermessungspunkte und Koordinaten sich am oder im Bauwerk befinden. Werden mehrere innere Bezugssysteme verwendet, die örtlich getrennt sind, so werden diese jeweils auf das äußere Bezugssystem bezogen und mit diesem messtechnisch verknüpft.

Damit sich vermessungstechnische Abweichungen nicht auf das **Koordinationssystem des Bauwerks** auswirken, muss ein Punkt des vermessungstechnischen Bezugssystems als absoluter **Ausgangspunkt** mit 0 hinsichtlich der Lage im Grundriss und hinsichtlich der Höhe vereinbart sein. Dieser Punkt sollte ein Schnittpunkt sein, z. B. der Ausgangspunkt (Nullpunkt) des inneren Bezugssystems. Seine Lage soll so gewählt sein, dass er während der gesamten Ausführungsphase und auch nach Fertigstellung eindeutig vermarkt, gesichert und zugänglich ist. Die **Orientierung** des vermessungstechnischen Bezugssystems wird durch einen zweiten vereinbarten Punkt festgelegt, der möglichst auf einer durch den Ausgangspunkt verlaufenden Linie des vermessungstechnischen Bezugssystems liegen sollte. An ihn sind die gleichen Anforderungen wie an den Ausgangspunkt zu stellen.

Für die Kontrolle und Beurteilung von Maßabweichungen nach DIN 18202 sind der Ausgangspunkt und der Orientierungspunkt des vermessungstechnischen Bezugssystems (= inneres Bezugssystem) **maßgebend**.

Genauigkeit der Vermessung

Die **Vermessungsgenauigkeit** eines Gebäudes hängt von der Genauigkeit der Vermarkungspunkte des äußeren Bezugssystems ab.

Für die **Genauigkeit vermarkter Vermessungspunkte** werden in DIN 18710-1:2010-09 folgende Unsicherheiten angegeben:

Marken	Zentrum	
	Festlegung durch	**Unsicherheit der Vermarkung**
Vermessungspfeiler	• Pfeilerkopfplatte, Pfeilerbolzen (Zwangszentrierung)	< 0,3 mm
Beton- oder Natursteinpfeiler mit Metallplatte	• Stahlnadelgravur	< 0,4 mm
Zielmarke oder andere flächenhafte Marke	• Bohrung, Körnung • Färbung, Ätzung • Keramikmarke • Rundkopfpilze mit Bohrung	< 0,5 mm
	• Schlagbolzen	< 1,0 mm
Steinplatte (Gehweg)	• gemeißeltes Kreuz	< 2,0 mm
Stahl- oder Kunststoffrohre	• Rohrmitte	< 3,0 mm
Holzpfahl	• Nagel	< 5,0 mm
Holzpfahl, Tonrohr	• Mittelpunkt	< 10,0 mm

Tabelle 1.7.1: Beispiele von Marken für Lagefestpunkte nach DIN 18710-1:2010-09, Tabelle C.1

7.2 Messpunkte für lichte Maße, Erläuterung zur Lage der Messpunkte

Die Messpunkte für lichte Maße im Grundriss und im Aufriss sowie für lichte Öffnungsmaße sollen in einem Abstand von ca. 10 cm von den Ecken bzw. den Kanten des zu messenden Bauteils liegen (10-cm-Regel). Hierdurch wird sichergestellt, dass singuläre Maßabweichungen am Rand eines Bauteils, die nicht charakteristisch für die Maßhaltigkeit des gesamten Bauteils bzw. des zu prüfenden Maßes sind, das Messergebnis nicht beeinflussen. Wenn eine singuläre Maßabweichung im Rand- bzw. Eckbereich des Bauteils nicht vorliegt und das Messergebnis hierdurch nicht verfälscht wird, kann von dem angegebenen Abstand (ca. 10 cm) abgewichen werden.

Teil 2: Genauigkeitsanforderungen in den Gewerken

1   Mauerwerk

Maßabweichungen
nach DIN 18202:2013-04

Bezug	Grenzabweichungen in mm bei Nennmaßen in m					
	bis 1	über 1 bis 3	über 3 bis 6	über 6 bis 15	über 15 bis 30	über 30
1 Maße im Grundriss	± 10	± 12	± 16	± 20	± 24	± 30
2 Maße im Aufriss	± 10	± 16	± 16	± 20	± 30	± 30
3 lichte Maße im Grundriss	± 12	± 16	± 20	± 24	± 30	
4 lichte Maße im Aufriss	± 16	± 20	± 20	± 30		
5 Öffnungen	± 10	± 12	± 16			
6 Öffnungen, oberflächenfertige Leibungen	± 8	± 10	± 12			

Tabelle 2.1.1: Grenzabweichungen für Mauerwerk nach DIN 18202: 2013-04, Tabelle 1

Winkelabweichungen
nach DIN 18202:2013-04

	Bezug	Stichmaße als Grenzwerte in mm bei Nennmaßen in m						
		bis 0,5	über 0,5 bis 1	über 1 bis 3	über 3 bis 6	über 6 bis 15	über 15 bis 30	über 30
1	alle Flächen	3	6	8	12	16	20	30

Tabelle 2.1.2: Grenzwerte für Winkelabweichungen für Mauerwerk nach DIN 18202:2013-04, Tabelle 2

Ebenheitsabweichungen
nach DIN 18202:2013-04

| Bezug | Stichmaße als Grenzwerte in mm bei Messpunktabständen in m | | | | |
	bis 0,1	bis 1[1]	bis 4[1]	bis 10[1]	bis 15[1],[2]
5 **nicht flächen-fertige Wände**	5	10	15	25	30
6 **flächenfertige Wände**	3	5	10	20	25
7 wie Zeile 6, jedoch <u>mit erhöhten Anfor-derungen</u>	2	3	8	15	20

[1] Zwischenwerte sind den Bildern 5 und 6 der DIN 18202:2013-04 zu entnehmen und auf ganze mm zu runden.

[2] Die Grenzwerte für Ebenheitsabweichungen der Spalte 6 gelten auch für Messpunktabstände über 15 m.

Tabelle 2.1.3: Grenzwerte für Ebenheitsabweichungen bei Mauerwerk nach DIN 18202:2013-04, Tabelle 3

Erhöhte Anforderungen an die Ebenheit von Mauerwerksflächen sind gesondert zu vereinbaren.

Maßabweichungen für Mauersteine sind in den Grenzwerten für Ebenheitsabweichungen nicht enthalten und zusätzlich zu berücksichtigen.

Bündige Mauerwerksseiten können nach den Grenzwerten für Ebenheitsabweichungen beurteilt werden, für **nicht bündige Mauerwerksseiten** sind die Maßabweichungen der Mauersteine zusätzlich zu berücksichtigen.

☐ ☑ ☐ Fluchtabweichungen
nach DIN 18202:2013-04

Bezug	Stichmaße als Grenzwerte in mm bei Nennmaßen als Messpunktabstand in m				
	bis 3	über 3 bis 6	über 6 bis 15	über 15 bis 30	über 30
1 zulässige Abweichungen von der Flucht	8	12	16	20	30

Tabelle 2.1.4: Grenzwerte für Fluchtabweichungen bei Mauerwerks-stützen nach DIN 18202:2013-04, Tabelle 4

Mauerziegel

nach DIN EN 771-1:2011-07 und DIN 105 ff.

Typ	Klasse	Mittelwert
LD-Ziegel	T1	$\pm\,0{,}40\sqrt{(\text{Sollmaß})}$ mm oder 3 mm, wobei der größere Wert maßgebend ist
	T1+	$\pm\,0{,}40\sqrt{(\text{Sollmaß})}$ mm oder 3 mm für Länge und Breite, wobei der größere Wert maßgebend ist und $\pm\,0{,}05\sqrt{(\text{Sollmaß})}$ mm oder 1 mm für die Höhe, wobei der größere Wert maßgebend ist
	T2	$\pm\,0{,}25\sqrt{(\text{Sollmaß})}$ mm oder 2 mm, wobei der größere Wert maßgebend ist
	T2+	$\pm\,0{,}25\sqrt{(\text{Sollmaß})}$ mm oder 2 mm für Länge und Breite, wobei der größere Wert maßgebend ist $\pm\,0{,}05\sqrt{(\text{Sollmaß})}$ mm oder 1 mm für die Höhe, wobei der größere Wert maßgebend ist
	Tm	eine vom Hersteller in mm angegebene Abweichung (die größer oder kleiner als die anderen Klassen sein darf)
HD-Ziegel	T1	$\pm\,0{,}40\sqrt{(\text{Sollmaß})}$ mm oder 3 mm, wobei der größere Wert maßgebend ist
	T2	$\pm\,0{,}25\sqrt{(\text{Sollmaß})}$ mm oder 2 mm, wobei der größere Wert maßgebend ist
	Tm	eine vom Hersteller in mm angegebene Abweichung (die größer oder kleiner als die anderen Klassen sein darf)

Tabelle 2.1.5: Grenzwerte bei Angabe des Mittelwertes für Maßabweichungen bei Mauerziegeln nach DIN EN 771-1:2011-07

Typ	Klasse	größte Maßspanne
LD-Ziegel	R1	$0,6 \sqrt{(\text{Sollmaß})}$ mm
	R1+	$0,6 \sqrt{(\text{Sollmaß})}$ mm für Länge und Breite und 1,0 mm für die Höhe
	R2	$0,3 \sqrt{(\text{Sollmaß})}$ mm
	R2+	$0,3 \sqrt{(\text{Sollmaß})}$ mm für Länge und Breite und 1,0 mm für die Höhe
	Rm	eine vom Hersteller in mm angegebene Maßspanne (die größer oder kleiner als die anderen Klassen sein darf)
HD-Ziegel	R1	$0,6 \sqrt{(\text{Sollmaß})}$ mm
	R2	$0,3 \sqrt{(\text{Sollmaß})}$ mm
	Rm	eine vom Hersteller in mm angegebene Maßspanne (die größer oder kleiner als die anderen Klassen sein darf)

Tabelle 2.1.6: Grenzwerte bei Angabe der Maßspanne für Maßabweichungen bei Mauerziegeln nach DIN EN 771-1:2011-07

Maße[1]	Sollmaß in mm	Grenzab- maße in mm	zulässige Maßspanne t in mm
Ziegellänge l[2] bzw. Ziegelbreite b	90	±5	5
	115	±5 (±3)	6
	145	−6/+3 (−4/+3)	7
	175	−7/+3 (−5/+3)	8 (7)
	240	−10/+5 (−7/+5)	10
	300	−10/+8 (−7/+8)	12
	365	−10/+8	12
	425	−10/+8	12
	490	−10/+8	12
Ziegelhöhe h	40	±2	3
	52	±2	3
	71	±3 (±2)	4 (3)

Tabelle 2.1.7: Maßabweichungen von LD- und HD-Ziegeln nach DIN V 105-100: 2012-01, Tabelle A.6 (Fortsetzung nächste Seite)

Maße[1]	Sollmaß in mm	Grenzabmaße in mm	zulässige Maßspanne t in mm
Ziegelhöhe h (Fortsetzung)	113	±5 (±3)	4
	155	±5	5
	175	±5	5
	238	±5	6

[1] Ziegel dürfen auch in den Breiten 60, 70, 80, 100, 150, 200, 225, 250 und 275 mm und den Längen 190, 210, 290, 390 mm hergestellt werden.

Bei Vormauerziegeln und Klinkern, die für nicht tragende Verblendschalen verwendet werden sollen und die nicht im Verband mit anderem Mauerwerk gemauert werden, dürfen hiervon abweichende Werkmaße, die jedoch in folgenden Grenzen liegen müssen, gewählt werden:

- Ziegellänge   190 mm ≤ l ≤ 490 mm
- Ziegelbreite   90 mm ≤ b ≤ 120 mm
- Ziegelhöhe   40 mm ≤ h ≤ 240 mm

Bei Abweichungen von den Sollmaßen sind die Grenzabmaße und Maßspannen sinngemäß einzuhalten.
Werte in Klammern gelten abweichend für hochfeste Ziegel, hochfeste Klinker und Keramikklinker.
Langlochziegel dürfen nur in den Breiten 115, 175, 240 und 300 mm, den Längen 240, 365 und 490 mm sowie den Höhen 71, 113, 155, 175 und 238 mm hergestellt werden.

[2] Bei Mauerziegeln mit Mörteltaschen, die ohne sichtbar vermörtelte Stoßfuge versetzt werden, ist das Sollmaß der Länge 5 mm, bei Ziegeln mit Nut und Feder 7 oder 8 mm größer als der in der Tabelle angegebene Wert.

Tabelle 2.1.7 (Fortsetzung): Maßabweichungen von LD- und HD-Ziegeln nach DIN V 105-100:2012-01, Tabelle A.6

Art	Nennmaß in mm	zulässige Maßspanne in mm	Mindestmaß in mm	Höchstmaß in mm
Länge *l*	240	10	230	248
	365	12	355	373
	490	15	480	498
Breite *b*	115	6	110	120
	175	8	168	178
	240	10	230	245
	300	12	290	308
Höhe *h*	71	4	68	74
	113	4	108	118
	238	6	233	243

Tabelle 2.1.8: Maßabweichungen von Leichtlanglochziegeln nach DIN 105-5:2013-06, Tabelle A.2

Art	Nennmaß in mm	zulässige Maßspanne in mm	Mindestmaß in mm	Höchstmaß in mm
Länge *l*	330	12	317	333
	495	15	480	500
	795	18	775	800
	895	18	875	900
	995	18	975	1.000
Höhe *h*	175	8	168	178
	238	10	230	245
	320	12	310	328
Dicke *d*	40	3	38	42
	50	3	48	52
	60	4	57	63
	70	4	67	73
	80	5	76	84
	100	5	96	104
	115	6	100	120

Tabelle 2.1.9: Maßabweichungen von Leichtlangloch-Ziegelplatten nach DIN 105-5:2013-06, Tabelle A.3

Art	Nennmaß in mm	zulässige Maßspanne in mm	Mindestmaß in mm
Länge / bzw. Breite *b*	90	5	−5/+5
	115	6	−5/+5
	145	7	−6/+3
	150	7	−7/+3
	175	8	−7/+3
	200	9	−8/+5
	240	10	−10/+5
	300	12	−10/+8
	365	12	−10/+8
	425	12	−10/+8
	490	12	−10/+8
Höhe *h*	40	1	−1/+1
	61	1	−1/+1
	82	1	−1/+1
	124	1	−1/+1
	249	1	−1/+1

Tabelle 2.1.10: Maßabweichungen von Planziegeln nach DIN V 105-6: 2013-06, Tabelle A.5 und A.6

Kalksandsteine

nach DIN EN 771-2:2011-07 und DIN V 106:2005-10

Maße	Abmaßklassen für Kalksandsteine in mm			
	T1	T2	T3	Tm
mittlere Höhe der Probe	Sollhöhe ± 2	Sollhöhe ± 1	–	
mittlere Länge der Probe	Solllänge ± 2	Solllänge ± 2	Solllänge ± 2	
mittlere Breite der Probe	Sollbreite ± 2	Sollbreite ± 2	Sollbreite ± 2	
Einzelwert der Höhe der Probe	mittlere Höhe der Probe ± 2	mittlere Höhe der Probe ± 1	Sollhöhe ± 1	vom Hersteller deklarierte Abweichung (darf größer oder kleiner als die anderen Klassen sein)
Einzelwert der Länge der Probe	mittlere Länge der Probe ± 2	mittlere Länge der Probe ± 2	Solllänge ± 3	
Einzelwert der Breite der Probe	mittlere Breite der Probe ± 2	mittlere Breite der Probe ± 2	Sollbreite ± 3	
Ebenheit der Lagerflächen	–	–	1,0	
Planparallelität der Lagerflächen	–	–	1,0	

Tabelle 2.1.11: Grenzabmaße von Kalksandsteinen einschließlich Abmaßklassen nach DIN EN 771-2:2011-07

Kalksandsteine (KS-Steine) müssen zusätzlich zu DIN EN
771-2: 2011-07 den Festlegungen nach DIN V 106:2005-10,
Tabelle 4, entsprechen:

Grenzabweichungen für die Länge (Regelanforderungen):

- für KS-Steine außer KS-Verblender:
  - Einzelwerte   ± 3 mm
  - Mittelwerte   ± 2 mm

- für KS-Verblender:
  - Einzelwerte   ± 2 mm
  - Mittelwerte   ± 1 mm

Grenzabweichungen vom Höhenmaß:

- für KS-Steine außer KS-Verblender
  bei Steinformaten > 2 DF:
  - Einzelwerte   ± 4 mm
  - Mittelwerte   ± 3 mm

- bei Plansteinen, Planelementen,
  Fasensteinen und Bauplatten:
  - Einzelwerte   ± 1 mm
  - Mittelwerte   ± 1 mm

Grenzabweichungen vom Breitenmaß (Aufstandsbreite):

- bei KS-Vormauersteinen und
  KS-Verblendern mit strukturierten
  Oberflächen senkrecht zu diesen:
  - Einzelwerte   – 5 mm
  - Mittelwerte   – 4 mm

Grenzwert für Ebenheitsabweichungen der Lagerfläche:

- bei Plansteinen, Planelementen
  und Fasensteinen: höchstens 1,0 mm

Grenzwert für die Abweichung von der Planparallelität der
Lagerflächen:

- bei Plansteinen, Planelementen
  und Fasensteinen: höchstens 1,0 mm

Betonsteine

nach DIN EN 771-3:2011-07 und DIN V 18153-100:2005-10

Abmaßklasse	D1	D2	D3	D4
Länge in mm	– 5/+ 3	– 3/+ 1	– 3/+ 1	– 3/+ 1
Breite in mm	– 5/+ 3	– 3/+ 1	– 3/+ 1	– 3/+ 1
Höhe in mm	– 5/+ 3	± 2	± 1,5	± 1

Tabelle 2.1.12: Grenzabmaße für Mauersteine aus Beton nach
DIN EN 771-3:2011-07, Tabelle 1

Betonsteine müssen zusätzlich zu DIN EN 771-3:2011-07 den
Festlegungen nach DIN V 18153-100:2005-10 entsprechen:

Grenzabmaße für		Länge in mm	Breite in mm	Höhe in mm
Hohlblöcke	Hbn	± 3	± 3	± 4
Plan-Hohlblöcke	Hbn-P	± 3	± 3	± 1
Vollblöcke	Vbn	± 3	± 3	± 4
Plan-Vollblöcke	Vbn-P	± 3	± 3	± 1
Vollsteine	Vn	± 3	± 3	± 4
Plan-Vollsteine	Vn-P	± 3	± 3	± 1

Tabelle 2.1.13: Grenzabmaße bei Mauersteinen aus Beton nach
DIN V 18153-100:2005-10, Tabelle A.3 bis A.8 (Fortsetzung nächste Seite)

Grenzabmaße für		Länge in mm	Breite in mm	Höhe in mm
Vormauersteine, DF oder NF (Höhe ≤ 71 mm)	Vm	± 3	± 3	± 2
Vormauersteine, 2 DF bzw. 2 NF oder höher (Höhe > 71 mm)	Vm	± 3	± 3	± 3
Vormauerblöcke	Vmb	± 3	± 3	± 3

Tabelle 2.1.13 (Fortsetzung): Grenzabmaße bei Mauersteinen aus Beton nach DIN V 18153-100:2005-10, Tabelle A.3 bis A.8

Grenzwert für Ebenheitsabweichungen der Lagerfläche:

- bei Plan-Hohlblöcken, Plan-Vollsteinen und Plan-Vollblöcken: höchstens 1,0 mm

Grenzwert für die Abweichung von der Planparallelität der Lagerflächen:

- bei Plan-Hohlblöcken, Plan-Vollsteinen und Plan-Vollblöcken: höchstens 1,0 mm

Porenbetonsteine

nach DIN EN 771-4:2011-07

Maße	Grenzabmaße in mm für Porenbetonsteine bei Verwendung mit		
	Normalmörtel und Leichtmörtel	Dünnbettmörtel	
	GPLM	TLMA	TLMB
Länge	–5/+3	±3	±1,5
Höhe	–5/+3	±2	±1,0
Breite	±3	±2	±1,5
Ebenheit der Lagerflächen	keine Anforderungen	keine Anforderungen	≤ 1,0
Planparallelität der Lagerflächen	keine Anforderungen	keine Anforderungen	≤ 1,0

Tabelle 2.1.14: Grenzabmaße für Normalmauersteine nach DIN EN 771-4:2011-07, Tabelle 2

Porenbetonsteine und Platten aus Leichtbeton müssen zusätzlich zu DIN EN 771-4:2011-07 den folgenden Festlegungen entsprechen:

Grenzabweichungen:

- Porenbeton-Plansteine nach DIN V 4165-100:2005-10:
  - – Länge und Breite   ± 1,5 mm
  - – Höhe   ± 1,0 mm

- Porenbeton-Planelemente nach
  DIN V 4165-100:2005-10:
  - – Länge und Breite   ± 1,5 mm
  - – Höhe   ± 1,0 mm

- Hohlwandplatten aus Leichtbeton nach
  DIN 18148:2000-10:
  - – Länge und Breite   ± 3 mm
  - – Höhe   ± 4 mm

- unbewehrte Wandbauplatten aus Leichtbeton
  nach DIN 18162:2000-10:
  - – Länge und Breite   ± 3 mm
  - – Höhe   ± 4 mm

Mauerarbeiten

nach VOB/C ATV DIN 18330:2012-09

Abweichungen von den vorgeschriebenen Maßen sind in den durch DIN 18202 bestimmten Grenzen zulässig.

Erhöhte Anforderungen an die Ebenheit sind Besondere Leistungen.

Höhere Anforderungen als nach den in DIN 18202 genannten Grenzwerten sind Besondere Leistungen.

Vermauerung und Fugenausbildung
nach DIN EN1996-1-1/NA:2012-05

Vermauerung mit Normalmörtel:
Die Dicke der Stoßfugen beträgt in der Regel 10 mm, die
Dicke der Lagerfugen in der Regel 12 mm.

Vermauerung mit Dünnbettmörtel:
Die Dicke der Stoß- und Lagerfugen beträgt 1 bis 3 mm.

Mauerwerk mit mörtelloser Stoßfuge:
Die Dicke der Stoßfugen darf nicht mehr als 5 mm betragen.

Schalenabstand im Mauerwerk
nach DIN EN 1996-2/NA:2012-01

Bei zweischaligen Außenwänden muss der Schalenabstand
mindestens 60 mm betragen bzw. mindestens 40 mm, wenn
der Fugenmörtel mindestens an einer Hohlraumseite abge-
strichen wird.

Maßabweichungen der Schalen sind bei der Bemessung des
Schalenabstandes zusätzlich zu berücksichtigen.

Rollladenkästen

Bei vorgefertigten Bauteilen ist die im Regelfall erzielbare
Genauigkeit als Beurteilungsmaßstab heranzuziehen.

2   Beton- und Stahlbetonbau

Maßabweichungen
nach DIN 18202:2013-04

Bezug	Grenzabweichungen in mm bei Nennmaßen in m					
	bis 1	über 1 bis 3	über 3 bis 6	über 6 bis 15	über 15 bis 30	über 30
1 Maße im Grundriss	± 10	± 12	± 16	± 20	± 24	± 30
2 Maße im Aufriss	± 10	± 16	± 16	± 20	± 30	± 30
3 lichte Maße im Grundriss	± 12	± 16	± 20	± 24	± 30	
4 lichte Maße im Aufriss	± 16	± 20	± 20	± 30		
5 Öffnungen	± 10	± 12	± 16			
6 Öffnungen, oberflächenfertige Leibungen	± 8	± 10	± 12			

Tabelle 2.2.1: Grenzabweichungen für Bauteile und Bauwerke aus Beton und Stahlbeton nach DIN 18202: 2013-04, Tabelle 1

Winkelabweichungen
nach DIN 18202:2013-04

	Bezug	Stichmaße als Grenzwerte in mm bei Nennmaßen in m						
		bis 0,5	über 0,5 bis 1	über 1 bis 3	über 3 bis 6	über 6 bis 15	über 15 bis 30	über 30
1	**alle Flächen**	3	6	8	12	16	20	30

Tabelle 2.2.2: Grenzwerte für Winkelabweichungen bei Bauteilen und Bauwerken aus Beton und Stahlbeton nach DIN 18202:2013-04, Tabelle 2

 **Ebenheitsabweichungen**
nach DIN 18202:2013-04

	Bezug	Stichmaße als Grenzwerte in mm bei Messpunktabständen in m				
		bis 0,1	bis 1[1]	bis 4[1]	bis 10[1]	bis 15[1,2]
1	**nicht flächenfertige Oberseiten von Decken** und Böden	10	15	20	25	30
2a	wie Zeile 1, jedoch zur Aufnahme von Bodenaufbauten	5	8	12	15	20
2b	**flächenfertige Oberseite von Decken** und Bodenplatten, **für untergeordnete Zwecke**	5	8	12	15	20
3	**flächenfertige Böden**	2	4	10	12	15
4	wie Zeile 3, jedoch mit <u>erhöhten Anforderungen</u>	1	3	9	12	15
5	**nicht flächenfertige Wände und Unterseiten** von Decken	5	10	15	25	30
6	**flächenfertige Wände und Unterseiten** von Decken	3	5	10	20	25
7	wie Zeile 6, jedoch mit <u>erhöhten Anforderungen</u>	2	3	8	15	20

[1] Zwischenwerte sind den Bildern 5 und 6 der DIN 18202:2013-04 zu entnehmen und auf ganze mm zu runden.

[2] Die Grenzwerte für Ebenheitsabweichungen der Spalte 6 gelten auch für Messpunktabstände über 15 m.

Tabelle 2.2.3: Grenzwerte für Ebenheitsabweichungen bei Bauteilen und Bauwerken aus Beton und Stahlbeton nach DIN 18202:2013-04, Tabelle 3

▣ ▣ ▣ Fluchtabweichungen

nach DIN 18202:2013-04

| Bezug | Stichmaße als Grenzwerte in mm bei Nennmaßen in m als Messpunktabstand | | | | |
	bis 3	über 3 bis 6	über 6 bis 15	über 15 bis 30	über 30
1 zulässige Abweichungen von der Flucht	8	12	16	20	30

Tabelle 2.2.4: Grenzwerte für Fluchtabweichungen bei Stützen aus Beton und Stahlbeton nach DIN 18202:2013-04, Tabelle 4

Betonfertigteile – Wandelemente
nach DIN EN 14992:2012-09

Nennmaße	Grenzabweichung	
	Klasse A	Klasse B
Lage von Öffnungen und Einbauteilen	± 10 mm	± 15 mm
Maße bis 0,5 m	± 3 mm[1]	± 8 mm
Maße über 0,5 bis 3 m	± 5 mm[1]	± 14 mm
Maße über 3 bis 6 m	± 6 mm	± 16 mm
Maße über 6 bis 10 m	± 8 mm	± 18 mm
Maße über 10 m	± 10 mm	± 20 mm

[1] im Falle kleinteiliger Verkleidungen ± 2 mm

Tabelle 2.2.5: Grenzabweichungen für Maße und die Lage von Öffnungen und Einbauteilen nach DIN EN 14992:2012-09, Tabellen 1 und 2

Betonfertigteile – stabförmige tragende Bauteile
nach DIN EN 13225:2013-06

- **Grenzwerte für die Hauptmaße stabförmiger Bauteile:**
  - Winkelabweichungen von Randbereichen und Querschnitten   Höhe $h/100 \geq 5$ mm
  - Krümmung in jeder Hauptebene   Länge $L/700$

– für die Größe von Durchbrüchen
und Öffnungen und bei der
Gesamtpositionierung von
Durchbrüchen und Einbauteilen   das 1,5-Fache der
vorgenannten Werte

- **Grenzwerte für Träger:**
  - Schiefheit der vertikalen Mittelebene   Länge $L/700$
  - Überhöhung   Länge $L/700$

Betonfertigteile – Deckenplatten mit Ortbetonergänzung
nach DIN EN 13747:2010-08

Grenzwerte für Nennmaße:

- für die Nennlänge: ± 20 mm

- für die Nennbreite: +5/–10 mm

- für die mittlere Nenndicke
  der Plattendicke h_p: +10/–X mm
  - mit $X = \min(h_p/10;\ 10\ \text{mm}) \geq 5$ mm
    (Örtlich können jedoch auch größere
    Toleranzen akzeptiert werden,
    z. B. +15/–10 mm.)

Grenzwerte für die Abweichung von der Gestalt:

- Geradheit der Ränder der
  Fertigteilplatte: ± (5 + L_e/1.000) mm
  - mit der Nennlänge L_e eines
    Randes der Fertigteilplatte

- Ebenheit der geschalten Oberfläche:
  - bei Verwendung eines Lineals
    von 20 cm Länge   1 mm
  - bei Verwendung eines Lineals
    von 1 m Länge   3 mm

- Lage und Maße von
  Aussparungen und Nuten: ± 30 mm

- Position von Einbauteilen und
  Verdrängungskörpern:
  - in Längsrichtung   ± 50 mm
  - in Querrichtung für die Nennbreite
    b_w einer zwischen Verdrängungskörpern
    angeordneten Versteifungs- oder
    Ortbetonrippe   ± b_w/10

- Rippenhöhe h_r: +10/-X mm
  - mit X = min(h_r/10; 10 mm) ≥ 5 mm

Betonfertigteile – Treppen
nach DIN EN 14843:2007-07

Grenzabweichungen für Querschnittsmaße von Bauteilen:

- für Nennmaße ≤ 150 mm: +10/-5 mm

- für Nennmaße über
  150 bis 400 mm: Zwischenwerte linear interpoliert

- für Nennmaße ≥ 400 mm: ± 15 mm

Die Differenz zwischen 2 aufeinanderfolgenden Steigungen
darf höchstens 6 mm betragen.

Vorgefertigte Teile aus Beton, Stahlbeton und Spannbeton nach DIN 18203-1:1997-04

Nennmaße in m	Grenzabmaße in mm			
	Längen stabförmiger Bauteile (z. B. Stützen, Binder, Unterzüge)	Längen/ Breiten von Decken-platten/ Wandtafeln	Längen vorgespannter Bauteile	Längen/ Breiten von Fassaden-tafeln
bis 1,5	± 6	± 8	–	± 5
über 1,5 bis 3	± 8	± 8	–	± 6
über 3 bis 6	± 10	± 10		± 8
über 6 bis 10	± 12	± 12	± 16	± 10
über 10 bis 15	± 14	± 16	± 16	–
über 15 bis 22	± 16	± 20	± 20	–
über 22 bis 30	± 18	± 20	± 25	–
über 30	± 20	± 20	± 30	–

Tabelle 2.2.6: Grenzabmaße für Längen- und Breitenmaße nach DIN 18203-1:1997-04, Tabelle 1

Nennmaße in m	Grenzabmaße für Querschnittsmaße in mm		
	Dicken von Deckenplatten	Dicken von Wand-/ Fassadentafeln	Querschnittsmaße stabförmiger Bauteile (z. B. Stützen, Unterzüge, Binder, Rippen)
bis 0,15	± 6	± 5	± 6
über 0,15 bis 0,3	± 8	± 6	± 6
über 0,3 bis 0,6	± 10	± 8	± 8
über 0,6 bis 1,0	–	–	± 12
über 1,0 bis 1,5	–	–	± 16
über 1,5	–	–	± 20

Tabelle 2.2.7: Grenzabmaße für Querschnittsmaße nach DIN 18203-1: 1997-04, Tabelle 2

Längen in m	Winkeltoleranzen als Stichmaße in mm		
	nicht oberflächenfertige Wandtafeln/ Deckenplatten	oberflächenfertige Wandtafeln/ Fassadentafeln	Querschnitt stabförmiger Bauteile (z. B. Stützen, Unterzüge, Binder, Rippen)
bis 0,4	8	5	4
über 0,4 bis 1,0	8	5	6
über 1,0 bis 1,5	8	5	8
über 1,5 bis 3,0	8	6	–
über 3,0 bis 6,0	10	8	–
über 6,0	12	10	–

Tabelle 2.2.8: Winkeltoleranzen nach DIN 18203-1:1997-04, Tabelle 3

Ebenheitsabweichungen für vorgefertigte Teile werden nach den Anforderungen in DIN 18202 beurteilt.

Vorgefertigte Teile aus dampfgehärtetem Porenbeton
nach DIN 4223-1:2003-12

Grenzabmaße von Dachbauteilen (DA) und Deckenbauteilen (DE) nach DIN 4223-1:2003-12, Tabelle 8:

- für Längenmaße ≤ 8.000 mm
  (max. Stützweite 7.500 mm):   ± 5 mm

- für Breitenmaße ≥ 500 mm
  (Sonderbauteile mit Breiten
  zwischen 200 und 500 mm
  sind als Passbauteile zulässig):   ± 3 mm

- für Dickenmaße ≥ 100 mm: ± 3 mm

- Abweichungen von der Flucht
  der Plattenlängsseiten in
  Richtung der Plattenebene: ± 2 mm

Grenzabmaße von Dachbauteilen (DA-D) mit ebenen Verbindungsflächen, die mit Dünnbettmörtel verbunden werden, nach DIN 4223-1:2003-12, Tabelle 9:

- für Längenmaße ≤ 7.000 mm
  (max. Stützweite 6.000 mm):   ± 5 mm

- für Breitenmaße ≥ 500 mm
  (Sonderbauteile mit Breiten
  zwischen 200 und 500 mm
  sind als Passbauteile zulässig):   ± 1 mm

- für Dickenmaße ≥ 200 mm: ± 1,5 mm

- Abweichungen von der Flucht
  der Plattenlängsseiten in
  Richtung der Plattenebene: siehe Ebenheitsabweichungen

**Grenzabmaße von Wandbauteilen mit statisch anrechen-
barer Bewehrung (WL und WS)** nach DIN 4223-1:2003-12,
Tabelle 10:

- für Längenmaße ≤ 2.500 mm: ± 3 mm

- für Längenmaße > 2.500 mm
  und ≤ 8.000 mm: ± 5 mm

- für Breitenmaße ≥ 500 mm
  (Sonderbauteile mit Breiten
  zwischen 200 und 500 mm
  sind als Passbauteile zulässig): ± 3 mm

- für Dickenmaße ≥ 100 mm: ± 3 mm

Grenzabmaße für Wandbauteile (SW) mit statisch nicht anrechenbarer Bewehrung, die stehend angeordnet werden, nach DIN 4223-1:2003-12, Tabelle 11:

- für Längenmaße ≤ 3.500 mm: ± 3 mm

- für Breitenmaße ≥ 500 mm
  (Sonderbauteile mit Breiten
  zwischen 200 und 500 mm
  sind als Passbauteile zulässig):   ± 1 mm

- für Dickenmaße ≥ 100 mm: ± 1,5 mm

Grenzabmaße für Wandbauteile (SW) mit statisch nicht anrechenbarer Bewehrung, die liegend angeordnet werden, nach DIN 4223-1:2003-12, Tabelle 12:

- für Längenmaße ≥ 3.000 mm
  und ≤ 8.000 mm (Passbauteile
  sind mit Längen zwischen
  0,4 × Breite und 0,3 × System-
  wandfeldlänge zulässig):   ± 5 mm

- für Breitenmaße ≥ 500 mm
  (Passbauteile sind als Höhen-
  ausgleichselemente mit
  Breiten zwischen 200 und
  500 mm zulässig):   ± 1 mm

- für Dickenmaße ≥ 100 mm: ± 1,5 mm

Grenzabmaße für Balken (BA) mit überwiegend einachsiger Beanspruchung, einer Stützweite von mindestens der zweifachen Bauteildicke und einer Breite von höchstens der zweifachen Bauteildicke nach DIN 4223-1:2003-12, Tabelle 13:

- für die Länge: ± 5,0 mm

- für die Breite: ± 1,5 mm

- für die Dicke: ± 1,0 mm

Grenzabmaße für Sonderbauteile nach DIN 4223-1:2003-12, Tabelle 14:

- für die Länge: ± 5,0 mm

- für die Breite: ± 3,0 mm

- für die Dicke: ± 3,0 mm

Ebenheitsabweichungen und Abweichungen von der Planparallelität nach DIN 4223-1:2003-12:

- max.:   1,0 mm

- Bei stehend angeordneten Wandbauteilen beträgt der Grenzwert für die Abweichung von der Rechtwinkligkeit der Bauteillängsseite 0,2 mm je 0,5 m, bezogen auf die Wandbauteilfußseite.

Vorgefertigte bewehrte Bauteile aus haufwerksporigem Leichtbeton

nach DIN EN 1520:2011-06

Grenzabweichungen für die Bauteilabmessungen:

- für die Dicke: ± 5 mm

- für die Länge, Höhe und Breite: ± 8 mm

Grenzwerte für Ebenheitsabweichungen für Wandbauteile mit vertikalen Lasten bezogen auf die Messung mit einem Richtscheit über 2 m Länge:

- im Allgemeinen: 5 mm

Grenzwerte für die Abweichung vom rechten Winkel in Bauteilebene:

- bei einer Breite des Bauteils
  bis einschließlich 1,0 m: 3 mm/0,5 m

- bei einer Breite des Bauteils
  über 1,0 m: 2 mm/0,5 m

Die Abweichung wird jeweils bezogen auf einen Messpunkt-abstand von 0,5 m.

Vorgefertigte Spannbeton-Hohlplatten

nach BVSF-Merkblatt Nr. 5 (vgl. BVSF, 2008)

Spannbeton-Hohlplatten, die im Werk mit sofortigem Verbund vorgespannt werden und anschließend auf der Baustelle als Montagedecke zusammengesetzt werden:

- **Grenzabweichungen für die Länge** nach DIN 18202, Tabelle 1, Zeile 1:
  - für Plattenlängen bis 6 m   ± 16 mm
  - für Plattenlängen bis 15 m   ± 20 mm

- **Grenzwerte** für Maßabweichungen für die **Lage von Aussparungen**:
  - für die Lage in Längsrichtung   ± 50 mm
  - für die Lage in Querrichtung   ± 25 mm
  - für die Abmessungen   ± 25 mm

- **Grenzwerte für Querschnittsmaße**:
  - für die Querschnittshöhe   ± 10 mm
  - für die Querschnittsbreite   ± 5 mm

- **Ebenheitsabweichung** nach DIN 18202

Beton- und Stahlbetonarbeiten

nach VOB/C ATV DIN 18331:2012-09

Abweichungen von den vorgeschriebenen Maßen sind in den durch DIN 18202 bestimmten Grenzen zulässig.

Erhöhte Anforderungen an die Ebenheit sind Besondere Leistungen.

Höhere Anforderungen als nach den in DIN 18202 genannten Grenzwerten sind Besondere Leistungen.

Maßtoleranzen für Fugen

nach DIN 18540:2006-12

Grenzabmaße für die Dicke des Fugendichtstoffes bei Fugen und Fugenabdichtungen für Außenwandfugen zwischen Bauteilen aus Ortbeton und/oder Betonfertigteilen mit geschlossenem Gefüge nach DIN 18540:2006-12, Tabelle 1:

- für Fugenbreiten bis 25 mm
  Nennmaß und einer Dicke
  des Fugendichtstoffes bis 12 mm: ± 2 mm

- für Fugenbreiten über 25 mm
  und bis 35 mm Nennmaß
  und einer Dicke der Fugendichtstoffes bis 15 mm: ± 3 mm

Maßtoleranzen für Sichtbetonflächen nach DBV-Merkblatt Sichtbeton

nach Deutscher Beton- und Bautechnik-Verein, 2004

Ebenheitsklassen für Anforderungen an geschalte Sichtbetonflächen:

- **Ebenheitsklasse E1:** Ebenheitsanforderungen nach DIN 18202, Tabelle 3, Zeile 5 (nicht flächenfertige Wände und Unterseiten von Rohdecken)

- **Ebenheitsklasse E2:** Ebenheitsanforderungen nach DIN 18202, Tabelle 3, Zeile 6 (flächenfertige Wände und Unterseiten von Decken)

- **Ebenheitsklasse E3:** Ebenheitsanforderungen nach DIN 18202, Tabelle 3, Zeile 6 (flächenfertige Wände und Unterseiten von Decken); höhere Anforderungen sind gesondert zu vereinbaren; dafür erforderliche Aufwendungen und Maßnahmen sind vom Auftraggeber detailliert festzulegen (Hinweis: Höhere Ebenheitsanforderungen, z. B. nach DIN 18202, Tabelle 3, Zeile 7 [erhöhte Anforderungen], sind technisch nicht zielsicher erfüllbar.)

Sichtbetonklassen:

- **Sichtbetonklasse 1** für:
  - Sichtbeton mit geringen Anforderungen
  - Betonflächen mit geringen gestalterischen Anforderungen, z. B. Kellerwände oder Bereiche mit vorwiegend gewerblicher Nutzung
  - Ebenheitsklasse E1

- **Sichtbetonklasse 2** für:
  - Sichtbeton mit normalen Anforderungen
  - Betonflächen mit normalen gestalterischen Anforderungen, z. B. Treppenhausräume, Stützwände
  - Ebenheitsklasse E1

- **Sichtbetonklasse 3** für:
  - Sichtbeton mit besonderen Anforderungen
  - Betonflächen mit hohen gestalterischen Anforderungen, z. B. Fassaden im Hochbau
  - Ebenheitsklasse E2

- **Sichtbetonklasse 4** für:
  - Sichtbeton mit besonderen Anforderungen
  - Betonflächen mit besonders hoher gestalterischer Bedeutung, repräsentative Teile im Hochbau
  - Ebenheitsklasse E3

Höhenversätze und Knickstellen

Absätze und Höhenversätze zwischen benachbarten Bauteilen werden von dem Anwendungsbereich der DIN 18202 nicht erfasst. Anforderungen hierfür sind im Einzelfall gesondert zu regeln. Höhenversätze bis ca. 2 mm können in der Regel durch ein großflächiges Verspachteln ausgeglichen werden. Höhenversätze bis ca. 5 mm können z. B. durch das Aufspachteln ganzer Teilflächen ausgeglichen werden. Höhenversätze von mehr als ca. 5 mm erfordern in der Regel das Aufbringen einer zusätzlichen Ausgleichsschicht.

Spritzbetonarbeiten

nach VOB/C ATV DIN 18314:2012-09

Für die Ausführung vereinbarte Auftragsdicken sind Mindestdicken.

Grenzwerte für Ebenheitsabweichungen nach DIN 18202 gelten nicht für spritzrau belassene Oberflächen.

Betonerhaltungsarbeiten

nach VOB/C ATV DIN 18349:2012-09

Abweichungen von den vorgeschriebenen Maßen sind in den durch DIN 18202 und DIN 18203-1:1997-04 bestimmten Grenzen zulässig.

Erhöhte Anforderungen an die Ebenheit sind Besondere Leistungen und in der Leistungsbeschreibung als solche auszuweisen.

3   Holzbau

Maßabweichungen
nach DIN 18202:2013-04

	Bezug	Grenzabweichungen in mm bei Nennmaßen in m					
		bis 1	über 1 bis 3	über 3 bis 6	über 6 bis 15	über 15 bis 30	über 30
1	Maße im Grundriss	± 10	± 12	± 16	± 20	± 24	± 30
2	Maße im Aufriss	± 10	± 16	± 16	± 20	± 30	± 30
3	lichte Maße im Grundriss	± 12	± 16	± 20	± 24	± 30	
4	lichte Maße im Aufriss	± 16	± 20	± 20	± 30		
5	Öffnungen	± 10	± 12	± 16			
6	Öffnungen, oberflächenfertige Leibungen	± 8	± 10	± 12			

Tabelle 2.3.1: Grenzabweichungen für Bauteile und Bauwerke aus Holz und Holzwerkstoffen nach DIN 18202:2013-04, Tabelle 1

Winkelabweichungen
nach DIN 18202:2013-04

Bezug	Stichmaße als Grenzwerte in mm bei Nennmaßen in m						
	bis 0,5	über 0,5 bis 1	über 1 bis 3	über 3 bis 6	über 6 bis 15	über 15 bis 30	über 30
1 alle Flächen	3	6	8	12	16	20	30

Tabelle 2.3.2: Grenzwerte für Winkelabweichungen bei Bauteilen und Bauwerken aus Holz und Holzwerkstoffen nach DIN 18202:2013-04, Tabelle 2

 **Ebenheitsabweichungen**
nach DIN 18202:2013-04

	Bezug	Stichmaße als Grenzwerte in mm bei Messpunktabständen in m				
		bis 0,1	bis 1[1]	bis 4[1]	bis 10[1]	bis 15[1, 2]
1	**nicht flächenfertige Oberseiten von Decken** und Böden	10	15	20	25	30
2a	wie Zeile 1, jedoch zur Aufnahme von Bodenaufbauten	5	8	12	15	20
2b	**flächenfertige Oberseite von Decken** und Bodenplatten, **für untergeordnete Zwecke**	5	8	12	15	20
3	**flächenfertige Böden**	2	4	10	12	15
4	wie Zeile 3, jedoch mit <u>erhöhten Anforderungen</u>	1	3	9	12	15
5	**nicht flächenfertige Wände und Unterseiten** von Decken	5	10	15	25	30
6	**flächenfertige Wände und Unterseiten** von Decken	3	5	10	20	25
7	wie Zeile 6, jedoch mit <u>erhöhten Anforderungen</u>	2	3	8	15	20

[1] Zwischenwerte sind den Bildern 5 und 6 der DIN 18202:2013-04 zu entnehmen und auf ganze mm zu runden.

[2] Die Grenzwerte für Ebenheitsabweichungen der Spalte 6 gelten auch für Messpunktabstände über 15 m.

Tabelle 2.3.3: Grenzwerte für Ebenheitsabweichungen bei Bauteilen und Bauwerken aus Holz und Holzwerkstoffen nach DIN 18202:2013-04, Tabelle 3

▨ ▨ ▨ Fluchtabweichungen
nach DIN 18202:2013-04

| Bezug | Stichmaße als Grenzwerte in mm bei Nennmaßen in m als Messpunktabstand | | | | |
	bis 3	über 3 bis 6	über 6 bis 15	über 15 bis 30	über 30
1 zulässige Abweichungen von der Flucht	8	12	16	20	30

Tabelle 2.3.4: Grenzwerte für Fluchtabweichungen bei Stützen aus Holz und Holzwerkstoffen nach DIN 18202:2013-04, Tabelle 4

Bauteile aus Holz und Holzwerkstoffen
nach DIN 18203-3:2008-08

Zeile	Träger, Binder, Stützen	Messbezugsfeuchte	Grenzabweichungen in mm bei Nennmaßen						
			bis 0,1 m	über 0,1 bis 0,4 m	über 0,4 bis 0,8 m	über 0,8 bis 2 m	über 2 bis 6 m	über 6 bis 20 m	über 20 m
1	**Vollholz, sägerau**, Breite und Höhe	20 %	+3/−1[1]	+4/−2[1]	–	–	–	–	
2	**Vollholz, gehobelt/egalisiert**, Breite und Höhe	20 %	±1[2]	±1,5[2]	–	–	–	–	
3	**Holzwerkstoffe**, Breite und Höhe	10 %	±1[2]	±1,5[2]	–	–	–	–	
4	**zusammengesetzte Querschnitte**, Breite und Höhe	20 %	wie Vollholz	wie Vollholz	+5/−2	+6/−3	+8/−4	–	
5	**Balkenschichtholz**, Breite und Höhe	15 %	±1[2]	±1,5[2]	–	–	–	–	
6	**einteilige Brettschichtholzbauteile**[4], Breite	12 %	±2[3]	±2[3]	+1%/−0,5%	+1%/−0,5%	+1%/−0,5%	–	
	wie vor, Höhe	12 %	+4/−2[3]	+4/−2[3]	+1%/−0,5%	+1%/−0,5%	+1%/−0,5%	–	

Tabelle 2.3.5: Grenzabmaße für Träger, Binder und Stützen nach DIN 18203-3: 2008-08, Tabelle 1 (Fortsetzung nächste Seite)

Zeile	Träger, Binder, Stützen	Mess-bezugs-feuchte	Grenzabweichungen in mm bei Nennmaßen						
			bis 0,1 m	über 0,1 bis 0,4 m	über 0,4 bis 0,8 m	über 0,8 bis 2 m	über 2 bis 6 m	über 6 bis 20 m	über 20 m
7	**Längen und Abstände** (z. B. zwischen Bohrungen)	wie Zeile 1 bis 6	± 2[3)]	± 2[3)]	± 2[3)]	± 2[3)]	± 0,1 % [3)]	± 0,1 % [3)]	± 20[3)]

[1)] entspricht DIN EN 336:2003-09, Maßtoleranzklasse 1

[2)] entspricht DIN EN 336:2003-09, Maßtoleranzklasse 2

[3)] entspricht DIN EN 390:1995-03

[4)] Brettschichtholz wird zunehmend auch flachkant eingesetzt (BS-Holz-Decke oder Brücken-träger). Die Höhe wird immer senkrecht und die Breite immer parallel zu den Flächenver-klebungen gemessen.

Tabelle 2.3.5 (Fortsetzung): Grenzabmaße für Träger, Binder und Stützen nach DIN 18203-3:2008-08, Tabelle 1

Zeile	Tafeln	Messbezugs-feuchte	Grenzabweichungen in mm bei Nennmaßen				
			bis 0,1 m	über 0,1 bis 0,4 m	über 0,4 m	bis 1 m	über 1 m
1	**Breite, Höhe** (Kantenlänge) **und Öffnungen**	siehe Zeilen 1 bis 6 aus Tabelle 1	–	–	–	±2	±0,2 % des Nenn-maßes, max. ±5
2	**Dicke**	siehe Zeilen 1 bis 6 aus Tabelle 1	+2/−1	+3/−2	+4/−2	–	–

Tabelle 2.3.6: Grenzabweichungen für Wand-, Boden-, Decken- und Dachtafeln nach DIN 18203-3:2008-08, Tabelle 2

Grenzwerte für Winkelabweichungen:

- in der Länge und Breite
  von Holztafeln: Grenzwerte nach DIN 18203-3:
                             2008-08, Tabelle 2, Zeile 1

- für die Dicke
  von Holztafeln: Grenzwerte nach DIN 18203-3:
                             2008-08, Tabelle 2, Zeile 2

Grenzwerte für Ebenheitsabweichungen für Balkenschicht-
holz und Brettschichtholzbauteile:

- Längskrümmung: max. 4 mm auf einer Messlänge von
  2.000 mm
- Querkrümmung: max. 1/200 der größeren Quer-
  schnittsseite

Abweichungen der Holzfeuchte von der Bezugsholzfeuchte
zum Zeitpunkt der Prüfung sind zu berücksichtigen. Die sich
aus der Änderung des Feuchtegehaltes ergebende Formände-
rung ist zusätzlich zu ermitteln.

Bauholz für tragende Zwecke
nach DIN EN 336:2003-09

Die **Grenzabweichungen für Querschnittsabmessungen**
betragen:

- für Dicken und Breiten ≤ 100 mm:
  - Maßtoleranzklasse 1   + 3/– 1 mm
  - Maßtoleranzklasse 2   + 1/– 1 mm
- für Dicken und Breiten > 100 mm:
  - Maßtoleranzklasse 1   + 4/– 2 mm
  - Maßtoleranzklasse 2   + 1,5/– 1,5 mm

Negative **Längenabweichungen** sind nicht zulässig. Für Über-
längen sind Toleranzgrenzen im Einzelfall zu vereinbaren.

Brettschichtholz

nach DIN EN 390:1995-03

Zulässige **Maßabweichungen** für jedes Istbezugsmaß vom Sollmaß:

- Breite des Querschnitts: +2/–2 mm

- Höhe h des Querschnitts:
    – für h bis 400 mm   +4/–2 mm
    – für h über 400 mm   +1/–0,5 %

- Länge l eines geraden Bauteils:
    – für l bis 2,0 m   +2/–2 mm
    – für l über 2,0 bis 20 m   +0,1/–0,1 %
    – für l über 20 m   +20/–20 mm

Die **Winkel** des Querschnitts dürfen vom rechten Winkel maximal 1/50 abweichen.

Bei einer von der **Bezugsholzfeuchte** abweichenden Istholzfeuchte wird das Istbezugsmaß l_{cor} anhand des Istmaßes l_a berechnet wie folgt:

$$l_{cor} = l_a \left(1 + k \left[\omega_{ref} - \omega_a\right]\right) \text{ (mm)}$$

mit

k Holzfeuchte-Verformungsfaktor bei einer Änderung der Holzfeuchte von 1 %; $k = 0,0025$ rechtwinklig zur Faserrichtung; $k = 0,0001$ parallel zur Faserrichtung (Die Werte für k gelten für Nadelhölzer und Pappel und einen Holzfeuchtebereich von 6 bis 25 %.)

ω_a Istholzfeuchte (%)

ω_{ref} Bezugsholzfeuchte (%)

Massivholzplatten

nach DIN EN 13353:2011-07

Maßtoleranzen für Großformat- und Mittelformatplatten nach DIN EN 12775:2001-04:

- Grenzabmaße für Länge und Breite: ± 2,0 mm
- Grenzabmaße für die Dicke: ± 1,0 mm
- Toleranz für die Dicke innerhalb einer Platte: 0,5 mm
- Toleranz für die Kantengeradheit: 1,0 mm/m
- Toleranz für die Rechtwinkligkeit: 1,0 mm/m

Die Maßabweichungen gelten für einen **Feuchtegehalt** bei der Auslieferung:

- für die Verwendung im Trockenbereich: (8 ± 2) %
- für die Verwendung im Feuchtbereich: (10 ± 3) %
- für die Verwendung im Außenbereich: (12 ± 3) %

Schnittholz

nach DIN 4074:2012-06

Einteilung des Schnittholzes nach den Querschnittsabmessungen für die Dicke d bzw. die Höhe h und die Breite b:

- Latten: $d \leq 40$ mm und $b < 80$ mm
- Bretter, Bohlen: $d \leq 40$ mm und $b \geq 80$ mm
  $d > 40$ mm und $b > 3 \times d$
- Kantholz: $b \leq h \leq 3 \times b$ und $b > 40$ mm

Art	Sortier-klasse	Längs-krümmung	Verdrehung	Quer-krümmung
Kanthölzer, vorwiegend hochkant biegebeanspruchte Bretter und Bohlen	S7, S7K	bis 8 mm	1 mm/25 mm Höhe	
	S10. S10K	bis 8 mm	1 mm/25 mm Höhe	
	S13, S13K	bis 8 mm	1 mm/25 mm Höhe	
Bretter und Bohlen	S7	bis 12 mm	2 mm/25 mm Breite	bis 1/20
	S10	bis 8 mm	1 mm/25 mm Breite	bis 1/30
	S13	bis 8 mm	1 mm/25 mm Breite	bis 1/50
Latten	S10	bis 12 mm	1 mm/25 mm Breite	
	S13	bis 8 mm	1 mm/25 mm Breite	

Tabelle 2.3.7: Sortierkriterien für Nadelschnittholz nach DIN 4074-1: 2012-06, Tabellen 2, 3 und 4

Art	Sortier-klasse	Längs-krümmung	Verdrehung	Quer-krümmung
Kanthölzer, vor-wiegend hochkant biegebeanspruchte Bretter und Bohlen	LS7, LS7K	bis 12 mm	2 mm/25 mm Breite	
	LS10, LS10K	bis 8 mm	1 mm/25 mm Breite	
	LS13, LS13K	bis 8 mm	1 mm/25 mm Breite	
Bretter und Bohlen	LS7	bis 12 mm	2 mm/25 mm Breite	bis 1/20
	LS10	bis 8 mm	1 mm/25 mm Breite	bis 1/30
	LS13	bis 8 mm	1 mm/25 mm Breite	bis 1/50

Tabelle 2.3.8: Sortierkriterien für Laubschnittholz nach DIN 4074-5: 2008-12, Tabellen 2 und 3

Verdrehung und Längskrümmung werden als Pfeilhöhe bzw. als Stichmaß an der Stelle der größten Verformung ermittelt und auf eine Messlänge von 2.000 mm bezogen.

Die Querkrümmung wird als Stichmaß ermittelt und auf die Querschnittsbreite bezogen.

Die Sortierkriterien sind auf eine mittlere Holzfeuchte von 20 % bezogen.

Bauholz für Zimmerarbeiten

nach DIN 68365:2008-12

Einteilung des Schnittholzes nach den Querschnittsabmessungen für die Dicke d bzw. die Höhe h und die Breite b:

- Latten: $d \leq 40$ mm und $b < 80$ mm

- Bretter, Bohlen: $d \leq 40$ mm und $b \geq 80$ mm
                                    $d > 40$ mm und $b > 3 \times d$

- Kantholz: $b \leq h \leq 3 \times b$ und $b > 40$ mm

Art	Güte-klasse	Verdrehung (Pfeilhöhe h)	Längskrümmung (Pfeilhöhe h)
Kantholz	1	1 mm/25 mm Breite	bis 4 mm
	2	1 mm/25 mm Breite	bis 8 mm
	3	2 mm/25 mm Breite	bis 12 mm
Bretter, Bohlen	1	1 mm/25 mm Breite	bis 8 mm
	2	1 mm/25 mm Breite	bis 8 mm
	3	1 mm/25 mm Breite	bis 12 mm
Rauspund	–	1 mm/25 mm Breite	bis 8 mm

Tabelle 2.3.9: Sortierkriterien für Schnittholz nach DIN 68365:2008-12, Tabellen 2, 3 und 4

Verdrehung und Längskrümmung werden als Pfeilhöhe bzw. als Stichmaß an der Stelle der größten Verformung ermittelt und auf eine Messlänge von 2.000 mm bezogen.

OSB-Platten

nach DIN EN 300:2006-09

- **Grenzabmaße:**
  - für die Dicke (geschliffen) innerhalb
    und zwischen den Platten   ± 0,3 mm
  - für die Dicke (ungeschliffen) innerhalb
    und zwischen den Platten   ± 0,8 mm
  - für die Länge und Breite   ± 3,0 mm

- **Kantengeradheitstoleranz:**   1,5 mm/m

- **Rechtwinkligkeitstoleranz:**   2,0 mm/m

- **Feuchtegehalt:**   2 bis 12 %

Spanplatten

nach DIN EN 312:2010-12

- **Grenzabmaße:**
  - für die Dicke (geschliffen) innerhalb
    und zwischen den Platten   ± 0,3 mm
  - für die Dicke (ungeschliffen) innerhalb
    und zwischen den Platten   –0,3/+1,7 mm
  - für die Länge und Breite   ± 5 mm

- **Kantengeradheitstoleranz:**   1,5 mm/m

- **Rechtwinkligkeitstoleranz:**   2,0 mm/m

- **Feuchtegehalt:**   5 bis 13 %

Sperrholz

nach DIN EN 315:2000-10

- Grenzwert für die Abweichung
  von der Geradheit: 1 mm/m

- Grenzwert für die Abweichung
  von der Rechtwinkligkeit: 1 mm/m

Faserplatten

nach DIN EN 622-1:2003-09

- **Grenzabmaße für die Dicke:**
  - harte Platten (HB)
    mit Nenndicke   bis 3,5 mm   ± 0,3 mm
                           über 3,5 bis 5,5 mm   ± 0,5 mm
                           über 5,5 mm   ± 0,7 mm
  - mittelharte Platten
    (MBL und MBH)
    mit Nenndicke   bis 10 mm   ± 0,7 mm
                           über 10 mm   ± 0,8 mm
  - poröse Platten (SB)
    mit Nenndicke   bis 10 mm   ± 0,7 mm
                           über 10 bis 19 mm   ± 1,2 mm
                           über 19 mm   ± 1,8 mm
  - Platten nach dem
    Trockenverfahren (MDF)
    mit Nenndicke   bis 6 mm   ± 0,2 mm
                           über 6 bis 19 mm   ± 0,2 mm
                           über 19 mm   ± 0,3 mm

- **Grenzabmaße für die Länge und Breite:**   ± 2 mm
                              höchstens   ± 5 mm

- **Rechtwinkligkeitstoleranz:**   2 mm/m

- **Kantengeradheitstoleranz** Länge und Breite: 1,5 mm/m

Zementgebundene Spanplatten
nach DIN EN 634-1:1995-04

- **Grenzabmaße:**
  - für die Dicke (geschliffen) innerhalb
    und zwischen den Platten   ± 0,3 mm
  - für die Dicke (ungeschliffen) innerhalb
    und zwischen den Platten
    mit einer Nenndicke   bis 12 mm   ± 0,7 mm
                           über 12 bis 15 mm   ± 1,0 mm
                           über 15 bis 19 mm   ± 1,2 mm
                           über 19 mm   ± 1,5 mm
  - für die Länge und Breite   ± 5 mm

- **Kantengeradheitstoleranz:**   1,5 mm/m

- **Rechtwinkligkeitstoleranz:**   2,0 mm/m

- **Feuchtegehalt:**   6 bis 12 %

Gespundete Bretter aus Nadelholz
nach DIN 4072:1977-08

- **zulässige Abweichungen** für Bretter aus europäischen (außer nordischen) Hölzern:
  - für die Dicke

mit einer Nenndicke	bis 19,5 mm	± 0,5 mm
	über 19,5 mm	± 1 mm

  - für die Breite

mit einer Nennbreite	bis 115 mm	± 1,5 mm
	über 115 mm	± 2 mm

  - für die Länge   +50/–25 mm

- **zulässige Abweichungen** für Bretter aus nordischen Hölzern:
  - für die Dicke

mit einer Nenndicke	bis 19,5 mm	± 0,5 mm
	über 19,5 mm	± 1 mm

  - für die Breite

mit einer Nennbreite	bis 111 mm	± 1,5 mm
	über 111 mm	± 2 mm

  - für die Länge   +50/–25 mm

Schwind- und Quellmaße für Holz
nach DIN EN 1995-1-1/NA:2013-08

Rechenwerte für das Schwind- und Quellmaß in % für eine Änderung der Holzfeuchte um 1 % unterhalb der Fasersättigung rechtwinklig zur Faserrichtung des Holzes bzw. in Plattenebene bei unbehindertem Quellen und Schwinden (nach DIN EN 1995-1-1/NA:2013-08, Tabelle NA.7):

- Nadelholz   0,25 %

- Laubholz   0,35 %

- Sperrholz, Brettsperrholz, Massivholzplatten,
  jeweils in Plattenebene: 0,02 %

- Sperrholz, rechtwinklig zur Plattenebene: 0,32 %

- Brettsperrholz und Massivholzplatten,
  rechtwinklig zur Plattenebene: 0,25 %

- Furnierschichtholz ohne Querfurniere:
  – in Faserrichtung der Deckfurniere   0,01 %
  – rechtwinklig zur Faserrichtung
    der Deckfurniere (in Plattenebene)   0,32 %

- Furnierschichtholz mit Querfurnieren:
  – in Faserrichtung der Deckfurniere   0,01 %
  – rechtwinklig zur Faserrichtung
    der Deckfurniere (in Plattenebene)   0,03 %

- kunstharzgebundene Spanplatten, Faserplatten: 0,035 %

- zementgebundene Spanplatten: 0,03 %

- OSB-Platten, Typ OSB/2 und OSB/3:   0,03 %

- OSB-Platten, Typ OSB/4:   0,015 %

Das Schwind- und Quellmaß von Vollholz in Faserlängs-
richtung beträgt im Mittel 0,01 % und kann im Allgemeinen
vernachlässigt werden.

Zimmer- und Holzbauarbeiten

nach VOB/C ATV DIN 18334:2012-09

Abweichungen von den vorgeschriebenen Maßen sind in den durch DIN 18202 und DIN 18203-3:2008-08 bestimmten Grenzen zulässig. Ebenheitsabweichungen in den Oberflächen, die nur bei Streiflicht sichtbar werden, sind zulässig, wenn diese innerhalb der Toleranzen nach DIN 18202 liegen.

Bauholz für die Verwendung im Holzhausbau, Holzrahmenbau und Holztafelbau ist mit einer Maßhaltigkeit von mindestens Sortierklasse S10, mit einer Holzfeuchte von maximal 18 % und mit einer Maßhaltigkeit des Querschnitts nach Maßtoleranzklasse 2 nach DIN EN 336 einzubauen.

Dachschalungen aus Holz sind aus Brettern der Sortierklasse S10 herzustellen.

4   Stahl- und Metallbau

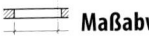 **Maßabweichungen**
nach DIN 18202:2013-04

	Bezug	Grenzabweichungen in mm bei Nennmaßen in m					
		bis 1	über 1 bis 3	über 3 bis 6	über 6 bis 15	über 15 bis 30	über 30
1	Maße im Grundriss	± 10	± 12	± 16	± 20	± 24	± 30
2	Maße im Aufriss	± 10	± 16	± 16	± 20	± 30	± 30
3	lichte Maße im Grundriss	± 12	± 16	± 20	± 24	± 30	
4	lichte Maße im Aufriss	± 16	± 20	± 20	± 30		
5	Öffnungen	± 10	± 12	± 16			
6	Öffnungen, oberflächenfertige Leibungen	± 8	± 10	± 12			

Tabelle 2.4.1: Grenzabweichungen für Bauteile und Bauwerke im Stahl-bau und Metallbau nach DIN 18202:2013-04, Tabelle 1

Winkelabweichungen
nach DIN 18202:2013-04

	Bezug	Stichmaße als Grenzwerte in mm bei Nennmaßen in m						
		bis 0,5	über 0,5 bis 1	über 1 bis 3	über 3 bis 6	über 6 bis 15	über 15 bis 30	über 30
1	alle Flächen	3	6	8	12	16	20	30

Tabelle 2.4.2: Grenzwerte für Winkelabweichungen bei Bauteilen und Bauwerken im Stahlbau und Metallbau nach DIN 18202:2013-04, Tabelle 2

 **Ebenheitsabweichungen**
nach DIN 18202:2013-04

Bezug	Stichmaße als Grenzwerte in mm bei Messpunktabständen in m				
	bis 0,1	bis 1[1)	bis 4[1)	bis 10[1)	bis 15[1), 2)
1 **nicht flächenfertige Oberseiten von Decken** und Böden	10	15	20	25	30
2a wie Zeile 1, jedoch zur Aufnahme von Bodenaufbauten	5	8	12	15	20
2b **flächenfertige Oberseite von Decken** und Bodenplatten, **für untergeordnete Zwecke**	5	8	12	15	20
3 **flächenfertige Böden**	2	4	10	12	15
4 wie Zeile 3, jedoch mit erhöhten Anforderungen	1	3	9	12	15
5 **nicht flächenfertige Wände und Unterseiten** von Decken	5	10	15	25	30
6 **flächenfertige Wände und Unterseiten** von Decken	3	5	10	20	25
7 wie Zeile 6, jedoch mit erhöhten Anforderungen	2	3	8	15	20

[1) Zwischenwerte sind den Bildern 5 und 6 der DIN 18202:2013-04 zu entnehmen und auf ganze mm zu runden.

[2) Die Grenzwerte für Ebenheitsabweichungen der Spalte 6 gelten auch für Messpunktabstände über 15 m.

Tabelle 2.4.3: Grenzwerte für Ebenheitsabweichungen bei Bauteilen und Bauwerken im Stahlbau und Metallbau nach DIN 18202:2013-04, Tabelle 3

Fluchtabweichungen
nach DIN 18202:2013-04

Bezug	Stichmaße als Grenzwerte in mm bei Nennmaßen in m als Messpunktabstand				
	bis 3	über 3 bis 6	über 6 bis 15	über 15 bis 30	über 30
1 zulässige Abweichungen von der Flucht	8	12	16	20	30

Tabelle 2.4.4: Grenzwerte für Fluchtabweichungen bei Stützen im Stahlbau und Metallbau nach DIN 18202:2013-04, Tabelle 4

Stahlbauarbeiten
nach VOB/C ATV DIN 18335:2012-09

In der ATV DIN 18335:2012-09 wird für die Ausführung von Stahlbauarbeiten nicht auf die Maßtoleranzen nach DIN 18202 verwiesen.

Ausführung von Stahltragwerken
nach DIN EN 1090-2:2011-10

Geometrische Abweichungen werden unterschieden in:

- **grundlegende Toleranzen** unter dem Aspekt statisch-konstruktiver Anforderungen:
  – grundlegende Herstelltoleranzen
  – grundlegende Montagetoleranzen

- **ergänzende Toleranzen** unter dem Aspekt der Passgenauigkeit und des Aussehens:
  – ergänzende Herstelltoleranzen
  – ergänzende Montagetoleranzen

Für die **Ausführung** von Stahlbauarbeiten sind in der Regel folgende Genauigkeitsanforderungen zu berücksichtigen:

- grundlegende Herstell- und Montagetoleranzen in statisch-konstruktiver Hinsicht nach DIN EN 1090-2:2011-10, Anhang D.1

- ergänzende Herstell- und Montagetoleranzen für die Passgenauigkeit nach DIN EN 1090-2:2011-10, Anhang D.2, oder alternativ nach DIN EN ISO 13920:1996-11, Klasse C/G (je nach Festlegung)

Elastische Verformungen der Konstruktion sind in diesen Toleranzen nicht enthalten und ggf. zusätzlich zu berücksichtigen.

Die Anforderungen gelten für den **Zeitpunkt** der abschließenden Abnahmeprüfung.

Ausführung von Aluminiumtragwerken

nach DIN EN 1090-3:2008-09

Geometrische Abweichungen werden unterschieden in:

- **grundlegende Toleranzen** unter dem Aspekt statisch-konstruktiver Anforderungen:
    – grundlegende Herstelltoleranzen
    – grundlegende Montagetoleranzen

- **ergänzende Toleranzen** unter dem Aspekt der Passgenauigkeit und des Aussehens:
    – ergänzende Herstelltoleranzen
    – ergänzende Montagetoleranzen

Für die **Ausführung** von Aluminiumbauarbeiten sind in der Regel folgende Genauigkeitsanforderungen zu berücksichtigen:

- grundlegende Herstell- und Montagetoleranzen in statisch-konstruktiver Hinsicht nach DIN EN 1090-3:2008-09, Anhang G und/oder I

- ergänzende Herstell- und Montagetoleranzen für die Passgenauigkeit nach DIN EN 1090-3:2008-09, Anhang H, und erforderlichenfalls ergänzend nach DIN EN ISO 13920:1996-11, Klasse C/G (je nach Festlegung)

Elastische Verformungen der Konstruktion sind in diesen Toleranzen nicht enthalten und ggf. zusätzlich zu berücksichtigen.

Schweißkonstruktionen

nach DIN EN ISO 13920:1996-11

Nennmaßbereich l in mm	Grenzabmaße t in mm Toleranzklasse			
	A	B	C	D
2 bis 30	± 1	± 1	± 1	± 1
über 30 bis 120	± 1	± 2	± 3	± 4
über 120 bis 400	± 1	± 2	± 4	± 7
über 400 bis 1.000	± 2	± 3	± 6	± 9
über 1.000 bis 2.000	± 3	± 4	± 8	± 12
über 2.000 bis 4.000	± 4	± 6	± 11	± 16
über 4.000 bis 8.000	± 5	± 8	± 14	± 21
über 8.000 bis 12.000	± 6	± 10	± 18	± 27
über 12.000 bis 16.000	± 7	± 12	± 21	± 32
über 16.000 bis 20.000	± 8	± 14	± 24	± 36
über 20.000	± 9	± 16	± 27	± 40

Tabelle 2.4.5: Grenzabmaße für Längenmaße bei geschweißten Konstruktionen nach DIN EN ISO 13920:1996-11, Tabelle 1

Nennmaßbereich *l* in mm (Länge oder kürzerer Schenkel)		Toleranzklasse			
		A	B	C	D
bis 400	Grenzabmaße $\Delta\,\alpha$ in Grad und Minuten	± 20′	± 45′	± 1°	± 1° 30′
über 400 bis 1.000		± 15′	± 30′	± 45′	± 1° 15′
über 1.000		± 10′	± 20′	± 30′	± 1°
bis 400	gerechnete und gerundete Grenzabmaße *t* in mm/m[1]	± 6	± 13	± 18	± 26
über 400 bis 1.000		± 4,5	± 9	± 13	± 22
über 1.000		± 3	± 6	± 9	± 18

[1] Angabe in mm/m entspricht dem Tangenswert der Grenzabmaße. Der angegebene Wert ist mit der Länge in m des kürzeren Schenkels zu multiplizieren.

Tabelle 2.4.6: Grenzabmaße für Winkelmaße bei geschweißten Konstruktionen nach DIN EN ISO 13920:1996-11, Tabelle 2

Nennmaßbereich[1] l in mm	Toleranzen t in mm Toleranzklasse			
	E	F	G	H
über 30 bis 120	0,5	1	1,5	2,5
über 120 bis 400	1	1,5	3	5
über 400 bis 1.000	1,5	3	5,5	9
über 1.000 bis 2.000	2	4,5	9	14
über 2.000 bis 4.000	3	6	11	18
über 4.000 bis 8.000	4	8	16	26
über 8.000 bis 12.000	5	10	20	32
über 12.000 bis 16.000	6	12	22	36
über 16.000 bis 20.000	7	14	25	40
über 20.000	8	16	25	40

[1] bezieht sich auf die längere Seite der Oberfläche

Tabelle 2.4.7: Geradheits-, Ebenheits- und Parallelitätstoleranzen für geschweißte Bauteile nach DIN EN ISO 13920:1996-11, Tabelle 3

Metallbauarbeiten

nach VOB/C ATV DIN 18360:2012-09

Für die Ausführung gelten die Maßtoleranzen nach
DIN 18202. Unebenheiten in der Oberfläche von Bauteilen
sind zulässig, wenn die Toleranzen nach DIN 18202 eingehalten worden sind.

5   Abdichtungen und Dachdeckungen

Maßabweichungen
nach DIN 18202:2013-04

Bezug	Grenzabweichungen in mm bei Nennmaßen in m					
	bis 1	über 1 bis 3	über 3 bis 6	über 6 bis 15	über 15 bis 30	über 30
1 Maße im Grundriss	± 10	± 12	± 16	± 20	± 24	± 30
2 Maße im Aufriss	± 10	± 16	± 16	± 20	± 30	± 30
3 lichte Maße im Grundriss	± 12	± 16	± 20	± 24	± 30	
4 lichte Maße im Aufriss	± 16	± 20	± 20	± 30		
5 Öffnungen	± 10	± 12	± 16			
6 Öffnungen, oberflächenfertige Leibungen	± 8	± 10	± 12			

Tabelle 2.5.1: Grenzabweichungen für Maße bei Abdichtungsarbeiten, Dachdeckungs- und Dachabdichtungsarbeiten sowie bei Klempner-arbeiten nach DIN 18202:2013-04, Tabelle 1

Winkelabweichungen
nach DIN 18202:2013-04

	Bezug	Stichmaße als Grenzwerte in mm bei Nennmaßen in m						
		bis 0,5	über 0,5 bis 1	über 1 bis 3	über 3 bis 6	über 6 bis 15	über 15 bis 30	über 30
1	**alle Flächen**	3	6	8	12	16	20	30

Tabelle 2.5.2: Winkelabweichungen bei Abdichtungs-, Dachdeckungs- und Dachabdichtungsarbeiten sowie bei Klempnerarbeiten nach DIN 18202:2013-04, Tabelle 2

Ebenheitsabweichungen
nach DIN 18202:2013-04

Bezug	Stichmaße als Grenzwerte in mm bei Messpunktabständen in m				
	bis 0,1	bis 1[1]	bis 4[1]	bis 10[1]	bis 15[1, 2]
1 **nicht flächenfertige Oberseiten von Decken** und Böden	10	15	20	25	30
2a wie Zeile 1, jedoch zur Aufnahme von Bodenaufbauten	5	8	12	15	20
2b **flächenfertige Oberseite von Decken** und Bodenplatten, **für untergeordnete Zwecke**	5	8	12	15	20
3 **flächenfertige Böden**	2	4	10	12	15
4 wie Zeile 3, jedoch mit erhöhten Anforderungen	1	3	9	12	15
5 **nicht flächenfertige Wände und Unterseiten** von Decken	5	10	15	25	30
6 **flächenfertige Wände und Unterseiten** von Decken	3	5	10	20	25
7 wie Zeile 6, jedoch mit erhöhten Anforderungen	2	3	8	15	20

[1] Zwischenwerte sind den Bildern 5 und 6 der DIN 18202:2013-04 zu entnehmen und auf ganze mm zu runden.

[2] Die Grenzwerte für Ebenheitsabweichungen der Spalte 6 gelten auch für Messpunktabstände über 15 m.

Tabelle 2.5.3: Grenzwerte für Ebenheitsabweichungen bei Abdichtungsarbeiten, Dachdeckungs- und Dachabdichtungsarbeiten sowie bei Klempnerarbeiten nach DIN 18202:2013-04, Tabelle 3

⬚ ⬚ ⬚ Fluchtabweichungen

nach DIN 18202:2013-04

Bezug	Stichmaße als Grenzwerte in mm bei Nennmaßen in m als Messpunktabstand				
	bis 3	über 3 bis 6	über 6 bis 15	über 15 bis 30	über 30
1 zulässige Abweichungen von der Flucht	8	12	16	20	30

Tabelle 2.5.4: Grenzwerte für Fluchtabweichungen bei Stützen nach DIN 18202:2013-04, Tabelle 4

Dach- und Formsteine aus Beton

nach DIN EN 490:2012-01

Grenzabweichungen:

- für die Hängelänge: ± 4 mm

- für die mittlere Deckbreite: ± 5 mm bzw.
                                         ± 3 mm für Dachsteine
                                         ohne Falz

Grenzwert für die Ebenheits-
abweichung: 3 mm oder
                                         1/100 der
                                         Nenndeckbreite

Dachziegel
nach DIN EN 1304:2008-07

Grenzabweichungen: ± 2 %

Abweichung von der Geradlinigkeit:

- für Ziegellängen bis 300 mm: max. 2 %

- für Ziegellängen über 300 mm: max. 1,5 %

Abweichungen von der Ebenheit:

- für Ziegellängen bis 300 mm: max. 2 %

- für Ziegellängen über 300 mm: max. 1,5 %

Bedachungselemente aus Zinkblech
nach DIN EN 501:1994-11

Grenzwerte für Maßabweichungen für Bedachungselemente
ohne auf der Baustelle gefalzte Verbindungen:

- für die Länge: +10/0 mm

- für die Geradheit: 2 mm/m Länge

- für die Baubreite: ± 5 mm

- für die Profilhöhe: +1,5/0 mm

Bedachungselemente aus nicht rostendem Stahlblech
nach DIN EN 502:2013-06

Grenzabweichungen für Dachdeckungsprodukte:

- für die Breite: $\qquad$ 0/+2 mm

- für die Länge l der Blechtafeln
  und Zuschnitte:
  - bis 2 m Nennlänge $\qquad$ 0/+5 mm
  - über 2 m Nennlänge $\qquad$ $-2/(+l/400)$ mm

Bedachungselemente aus Kupferblech
nach DIN EN 504:2000-01

Maßtoleranzen bzw. Grenzabweichungen für geformte
Dachdeckungsprodukte:

- für die Länge: $\qquad$ +10/0 mm

- für die Baubreite: $\qquad$ ± 5 mm

- für die Rechtwinkligkeit: $\qquad$ 3 mm/m Breite

- für die Geradlinigkeit: $\qquad$ 2 mm/m Länge ≤ 10 mm

- für die Höhe: $\qquad$ 3 % der Nennhöhe,
  max. ± 2 mm

Bedachungselemente aus Stahlblech

nach DIN EN 505:2013-06

Maßtoleranzen bzw. Grenzabweichungen für geformte Dachdeckungsprodukte:

- für die Länge:
  - bis 3.000 mm Nennlänge   –3/+5 mm
  - über 3.000 mm Nennlänge   –0,1/+0,2 % der Nennlänge

- für die Rechtwinkligkeit: 3 mm/m Breite

- für die Geradlinigkeit: 2 mm/m Länge ≤ 10 mm

- für die Baubreite: ± 5 mm

- für die Profilhöhe: –1/+1,5 mm

Gewalzte Flacherzeugnisse aus Zink und Zinklegierungen

nach DIN EN 988:1996-08

Maßtoleranzen bzw. Grenzabweichungen für gewalzte Flacherzeugnisse:

- für die Dicke: ± 0,03 mm

- für die Breite: +2/0 mm

- für die Länge: +10/0 mm

- für die Säbelförmigkeit (Geradheit):   1,5 mm/m

- für die Planheit: 2 mm

Unterdeckplatten für Dachdeckungen

nach DIN EN 14964:2007-01

Maßtoleranzen bzw. Grenzabweichungen für fabrikgefertigte Platten mit oder ohne Profil:

- für überlappend verlegte Unterdeckplatten:
    - für die Länge   ± 5 mm
    - für die Breite   ± 1 %
    - für die Geradheit   4 mm/m Länge
    - für die Rechtwinkligkeit   4 mm/m Länge
    - für die Dicke flacher Produkte   ± 1 mm
    - für die Dicke gewellter Produkte   ± 10 %
    - für die Wellenhöhe   ± 1 %
    - für die Wellenteilung   ± 1 %

- für verfalzt verlegte Unterdeckplatten:
    - für die Länge   ± 5 mm
    - für die Breite   ± 3 mm, max. 1/3
                                             der Falzbreite
    - für die Dicke   +3/−1 mm
    - für die Rechtwinkligkeit   2 mm/m Länge
    - für die Geradheit   1,5 mm/m, max.
                                             1/3 der Falzbreite

Hängerinnen und Regenfallrohre

nach DIN EN 612:2005-04

Maßtoleranzen für Dachrinnen:

- für die Zuschnittbreite *w*:   ± 2 mm

- für die Höhe der Rinnenvorderseite *a*: ± 2 mm

- für die äußere Breite der Rinnensohle b: $+0/-2$ mm

- für die Höhe der Rinnenrückseite c: ± 2 mm

- für den Wulstdurchmesser d: $+2/-1$ mm

- für die Geradheit des Wulstes, gemessen an der umgedreht auf einer ebenen Unterlage aufliegenden Dachrinne als Abweichung von der geraden Linie: max. 2 mm/m

- für die Herstelllänge: $+10/-0$ mm

Grenzabmaße für Fallrohre:

- für die innere Weite des Querschnitts (Durchmesser, Quadratseite oder lange Seite des Rechteckes): ± 1 mm

- für die Geradheit, gemessen als Abweichung von der Mittelachse: max. 2,5 mm/m

- für die Herstelllänge: $+10/-0$ mm

Abdichtungsarbeiten
nach VOB/C ATV DIN 18336:2012-09

Die ATV DIN 18336:2012-09 enthält keine Angaben zu den Maßtoleranzen nach DIN 18202.

Kunststoffmodifizierte Bitumendickbeschichtungen sind mit einer Trockenschichtdicke von mindestens 3 mm auszuführen.

Abdichtungen im Verbund mit Bekleidungen und Belägen aus Fliesen und Platten

Bei der Ausführung von Abdichtungen im Verbund mit Bekleidungen und Belägen aus Fliesen und Platten sollen die Maßgenauigkeit und die Lage des Untergrundes nach einem entsprechenden Merkblatt des Zentralverbandes des deutschen Baugewerbes (vgl. ZDB, August 2012) der fertigen Bekleidungsfläche entsprechen. Größere Maßungenauigkeiten sind vor der Ausführung der Abdichtungsmaßnahme im Untergrund auszugleichen. Für die Beurteilungen der Ebenflächigkeit findet die DIN 18202 Anwendung.

Untergründe für Abdichtungen
nach DIN 18195-3:2011-12

- Bauwerksflächen, auf die eine Abdichtung aufgebracht werden soll, müssen insbesondere auch eben und frei von Nestern, klaffenden Rissen und Graten sowie schädlichen Verunreinigungen sein.

- Vertiefungen, die größer als 5 mm sind, sind mit geeigneten Mörteln zu schließen (z. B. bei Mörteltaschen, offenen Stoß- oder Lagerfugen, oder Ausbrüchen).

- Oberflächen von Mauerwerk oder von haufwerksporigen Baustoffen, offene Stoßfugen bis 5 mm, Oberflächenprofilierungen und Unebenheiten von Steinen (z. B. Putzrillen bei Ziegeln oder Schwerbetonsteinen) müssen entweder durch Verputzen mit einem Dünn- oder Ausgleichsputz

oder durch Vermörtelung oder durch eine Dichtungs-
schlämme mit Kratzspachtelung verschlossen und egalisiert
werden.

Ausgenommen hiervon sind Untergründe für die Abdichtung mit überbrückenden Werkstoffen, z. B. Bitumen- oder
Kunststoff-Dichtungsbahnen.

Dachabdichtungen

nach DIN 18531-1:2010-05

Dachabdichtungen für nicht genutzte Dächer aus bahnen-
förmigen Stoffen und Abdichtungen von extensiv begrünten
Dachflachen sind grundsätzlich mit einem **Gefälle** von mindestens 2 % zu planen, um die Ableitung des Niederschlagswassers auf der Abdichtung sicherzustellen.

Flachdachrichtlinien

Für die Ausführung von Dächern mit Abdichtungen wird in
den Flachdachrichtlinien (vgl. Zentralverband des Deutschen
Dachdeckerhandwerks, 2008/2011) die **Planung eines Gefäl-
les von mindestens 2 %** für die Auflage einer Dachabdich-
tung vorgegeben, um die Ableitung des Niederschlagswassers
sicherzustellen. Bei Dachflächen mit einer Dachneigung bis
ca. 5 % (ca. 3°) ist bedingt durch die Durchbiegung und/oder
die zulässigen Toleranzen in der Ebenheit der Unterlage, der
Dicke der Werkstoffe und durch Überlappungen und Ver-
stärkungen der Werkstoffe mit einem behinderten Wasserab-
lauf und einer Pfützenbildung zu rechnen.

Ausführung von Dachrinnen

nach DIN EN 12056-3:2001-01

Dachrinnen sollten mit einem Mindestgefälle von 1 mm/m bis 3 mm/m verlegt werden. Ein Gegengefälle ist nicht fachgerecht.

Ausführung von Dachbegrünungen

nach Dachbegrünungsrichtlinie (vgl. FLL, Januar 2002)

Für die Begrünung von Dächern, Dachterrassen, Tiefgaragen und anderen Bauwerksüberdeckungen bis 2 m Überdeckung gilt für die **Abweichung von der Ebenheit der Dränschicht ein Grenzwert** von 1 cm/4 m Messstrecke. Gleichzeitig darf die Mindestschichtdicke durchgehend nicht unterschritten werden.

6   Wand- und Deckenbekleidungen – Putz, Fassaden, Trockenbau, Anstriche

 **Maßabweichungen**

nach DIN 18202:2013-04

	Bezug	Grenzabweichungen in mm bei Nennmaßen in m					
		bis 1	über 1 bis 3	über 3 bis 6	über 6 bis 15	über 15 bis 30	über 30
1	Maße im Grundriss	± 10	± 12	± 16	± 20	± 24	± 30
2	Maße im Aufriss	± 10	± 16	± 16	± 20	± 30	± 30
3	lichte Maße im Grundriss	± 12	± 16	± 20	± 24	± 30	
4	lichte Maße im Aufriss	± 16	± 20	± 20	± 30		
5	Öffnungen	± 10	± 12	± 16			
6	Öffnungen, oberflächenfertige Leibungen	± 8	± 10	± 12			

Tabelle 2.6.1: Grenzabweichungen für Wand- und Deckenbekleidungen nach DIN 18202:2013-04, Tabelle 1

Winkelabweichungen
nach DIN 18202:2013-04

	Bezug	Stichmaße als Grenzwerte in mm bei Nennmaßen in m						
		bis 0,5	über 0,5 bis 1	über 1 bis 3	über 3 bis 6	über 6 bis 15	über 15 bis 30	über 30
1	alle Flächen	3	6	8	12	16	20	30

Tabelle 2.6.2: Grenzwerte für Winkelabweichungen bei Wand- und Deckenbekleidungen nach DIN 18202:2013-04, Tabelle 2

Ebenheitsabweichungen
nach DIN 18202:2013-04

Bezug	Stichmaße als Grenzwerte in mm bei Messpunktabständen in m				
	bis 0,1	bis 1[1]	bis 4[1]	bis 10[1]	bis 15[1, 2]
1 nicht flächenfertige Oberseiten von Decken und Böden	10	15	20	25	30
2a wie Zeile 1, jedoch zur Aufnahme von Bodenaufbauten	5	8	12	15	20
2b flächenfertige Oberseite von Decken und Bodenplatten, für untergeordnete Zwecke	5	8	12	15	20
3 flächenfertige Böden	2	4	10	12	15
4 wie Zeile 3, jedoch mit erhöhten Anforderungen	1	3	9	12	15
5 nicht flächenfertige Wände und Unterseiten von Decken	5	10	15	25	30
6 flächenfertige Wände und Unterseiten von Decken	3	5	10	20	25
7 wie Zeile 6, jedoch mit erhöhten Anforderungen	2	3	8	15	20

[1] Zwischenwerte sind den Bildern 5 und 6 der DIN 18202:2013-04 zu entnehmen und auf ganze mm zu runden.

[2] Die Grenzwerte für Ebenheitsabweichungen der Spalte 6 gelten auch für Messpunktabstände über 15 m.

Tabelle 2.6.3: Grenzwerte für Ebenheitsabweichungen bei Wand- und Deckenbekleidungen nach DIN 18202:2013-04, Tabelle 3

Erhöhte Anforderungen an die Ebenheit von Oberflächen sind gesondert zu vereinbaren.

Sprünge und Absätze sollen bei flächenfertigen Wand- und Deckenbekleidungen vermieden werden. Dies betrifft jedoch nicht die durch die Flächengestaltung bedingte Struktur. Für Höhenversätze an den Übergängen zwischen 2 Bauteilen finden die Grenzwerte für Ebenheitsabweichungen keine Anwendung. Hierfür sind gesonderte Regelungen zu treffen.

▱ ▱ ▱ Fluchtabweichungen
nach DIN 18202:2013-04

Bezug	Stichmaße als Grenzwerte in mm bei Nennmaßen in m als Messpunktabstand				
	bis 3	über 3 bis 6	über 6 bis 15	über 15 bis 30	über 30
1	zulässige Abweichungen von der Flucht	8	12	16	20	30

Tabelle 2.6.4: Grenzwerte für Fluchtabweichungen bei Stützen nach DIN 18202:2013-04, Tabelle 4

Lichte Mindestmaße im fertigen Zustand

Mindestabmessungen nach bauordnungsrechtlichen Regelungen sind bei der Ausführung im fertigen Zustand an jeder betreffenden Stelle einzuhalten. Toleranzmaße für eine Unterschreitung von Mindestabmessungen sind nicht vorgesehen.

Wärmedämmstoffe aus Mineralwolle
nach DIN EN 13162:2013-03

Grenzabmaße für die Dicke in Abhängigkeit von den Stufen und Klassen T1 bis T5:

Stufe oder Klasse	Grenzabmaße	
T1	– 5 % oder – 5 mm[1]	Überschreitung zulässig
T2	– 5 % oder – 5 mm[1]	+ 15 % oder + 15 mm[2]
T3	– 3 % oder – 3 mm[1]	+ 10 % oder + 10 mm[2]
T4	– 3 % oder – 3 mm[1]	+ 5 % oder + 5 mm[2]
T5	– 1 % oder – 1 mm[1]	+ 3 mm

[1] Der größere numerische Wert ist maßgebend.
[2] Der kleinere numerische Wert ist maßgebend.

Tabelle 2.6.5: Stufen und Klassen der Grenzabmaße für die Dicke von Wärmedämmstoffen nach DIN EN 13162:2013-03, Tabelle 1

- **Grenzwert für die Abweichung
  von der Rechtwinkligkeit**
  in Richtung der Länge und der Breite: 5 mm/m

- **Grenzwert für die Abweichung
  einer Platte von der Ebenheit:**   6 mm

- **Grenzabmaße für die
  Länge und Breite:**
  – Grenzabweichung von der Länge   ± 2 %
  – Grenzabweichung von der Breite   ± 1,5 %

Wärmedämmstoffe aus expandiertem Polystyrol
nach DIN EN 13163:2013-03

Grenzwerte für Maßabweichungen (größerer numerischer
Wert maßgebend):

- Länge:
- – Platten Klasse L(2)   ± 2 mm
- – Platten Klasse L(3)   ± 0,6% oder ± 3mm
- – Rollen Klasse L(1), L(2)   –1 %/unbegrenzt

- Breite:
- – Platten Klasse W(1)   ± 1 mm
- – Platten Klasse W(2)   ± 2 mm
- – Platten Klasse W(3)   ± 0,6% oder ± 3 mm
- – Rollen Klasse W(1), W(2)   ± 0,6% oder ± 1 mm
- – Rollen Klasse W(3)   ± 0,6% oder ± 3 mm

- Dicke:
- – Platten/Rollen Klasse T(1)   ± 1 mm
- – Platten/Rollen Klasse T(2)   ± 2 mm

Grenzwert für die Abweichung von der Rechtwinkligkeit
in Richtung der Länge und der Breite:

- Platten/Rollen Klasse S(1):   ± 1 mm/m

- Platten/Rollen Klasse S(2):   ± 2 mm/m

- Platten/Rollen Klasse S(5):   ± 5 mm/m

Grenzwerte für die Abweichung von der Ebenheit:

- Platten/Rollen Klasse P(3):   3 mm
- Platten/Rollen Klasse P(5):   5 mm
- Platten/Rollen Klasse P(10):   10 mm
- Platten/Rollen Klasse P(15):   15 mm
- Platten/Rollen Klasse P(30):   30 mm

Die Ebenheit ist bezogen auf den laufenden Meter angegeben.

Wärmedämmstoffe aus extrudiertem Polystyrolschaum
nach DIN EN 13164:2013-03

Grenzabmaße für die Länge oder Breite:

- für die Nennlänge l oder
  die Nennbreite $b \leq 1.500$ mm: ± 8 mm
- für die Nennlänge l oder
  die Nennbreite $b > 1.500$ mm: ± 10 mm

Grenzwert für die Abweichung von der Rechtwinkligkeit
in Richtung der Länge und der Breite:

- für die Nennlänge l oder
  die Nennbreite b: 5 mm/m

Grenzwert für die Abweichung
von der Ebenheit: 6 mm/m

Grenzabmaße für die Dicke (Nenndicke d_N):

- Klasse T1:
  - $d_N < 50$ mm   –2/+2 mm
  - 50 mm $\leq d_N < 120$ mm   –2/+3 mm
  - $d_N > 120$ mm   –2/+6 mm

- Klasse T2:
  - $d_N < 50$ mm   –1,5/+1,5 mm
  - 50 mm $\leq d_N < 120$ mm   –1,5/+1,5 mm
  - $d_N > 120$ mm   –1,5/+1,5 mm

- Klasse T3:
  - $d_N < 50$ mm   –1/+1 mm
  - 50 mm $\leq d_N < 120$ mm   –1/+1 mm
  - $d_N > 120$ mm   –1/+1 mm

Wärmedämmstoffe aus Polyurethan-Hartschaum (PU)
nach DIN EN 13165:2013-03

Grenzabmaße für die Länge oder Breite:

- Maße bis 1.000 mm: ± 5 mm

- Maße über 1.000
  bis 2.000 mm: ± 7,5 mm

- Maße über 2.000
  bis 4.000 mm: ± 10 mm

- Maße über 4.000 mm: ± 15 mm

Grenzabmaße für die Dicke (Nenndicke d_N):

- Klasse T1:
  - $d_N < 50$ mm $\pm$ 3 mm
  - 50 mm $\leq d_N < 75$ mm $\pm$ 4 mm
  - $d_N > 75$ mm $-4/+6$ mm

- Klasse T2:
  - $d_N < 50$ mm $\pm$ 2 mm
  - 50 mm $\leq d_N < 75$ mm $\pm$ 3 mm
  - $d_N > 75$ mm $-3/+5$ mm

- Klasse T3:
  - $d_N < 50$ mm $\pm$ 1,5 mm
  - 50 mm $\leq d_N < 75$ mm $\pm$ 1,5 mm
  - $d_N > 75$ mm $\pm$ 1,5 mm

Grenzwert für die Abweichung von der Rechtwinkligkeit
in Richtung der Länge und der Breite:

- für die Nennlänge l oder
  die Nennbreite b: 5 mm/m

Grenzwert für die Abweichung von der Ebenheit:

- Länge $\leq$ 2,50 m,
  Fläche $\leq$ 0,75 m²: $\leq$ 5 mm

- Länge $\leq$ 2,50 m,
  Fläche $>$ 0,75 m²: $\leq$ 10 mm

Wärmedämmstoffe aus Holzwolle (WW)

nach DIN EN 13168:2013-03

Grenzabmaße für Maße:

- Länge:
  - Klasse L1   +5/–10 mm
  - Klasse L2   +3/–5 mm
  - Klasse L3   +2/–3 mm
  - Klasse L4, Nennlängen bis 1.250 mm   ± 1 mm
  - Klasse L4, Nennlängen über 1.250 mm   ± 2 mm

- Breite:
  - Klasse W1   ± 3 mm
  - Klasse W2   ± 1 mm

- Dicke:
  - Klasse T1, Nennlängen bis 1.250 mm   +3/–2 mm
  - Klasse T1, Nennlängen über 1.250 mm   +4/–3 mm
  - Klasse T2, Nennlängen bis 1.250 mm   ± 1 mm
  - Klasse T2, Nennlängen über 1.250 mm   ± 2 mm

Grenzwert für die Abweichung von der Rechtwinkligkeit

in Richtung der Länge und der Breite:

- für die Nennlänge l oder
  die Nennbreite b: 5 mm/m

Grenzwert für die Abweichung von der Ebenheit:

- Klasse P1:   < 6 mm

- Klasse P2:   < 3 mm

Wärmedämmstoffe aus Holzfasern
nach DIN EN 13171:2013-03

Grenzabmaße für Maße:

- Länge (gilt nicht für Rollen,
  Matten, Filze):   ± 2 %

- Breite: ± 1,5 %

- Dicke (kleinerer numerischer Wert maßgebend):
  - Klasse T1   –5 mm/
                                       Überschreitung
                                       zulässig
  - Klasse T2   –5 mm/+15 %
                                       oder + 15 mm
  - Klasse T3   –4 mm/+10 %
                                       oder +10 mm
  - Klasse T4   –3 mm/+5 %
                                       oder +5 mm
  - Klasse T5   –1/+3 mm

Grenzwert für die Abweichung von der Rechtwinkligkeit
in Richtung der Länge und der Breite:

- für die Nennlänge l oder
  die Nennbreite b: 5 mm/m

**Grenzwert für die Abweichung
einer Platte von der Ebenheit:**   6 mm

Faserzement-Wellplatten

nach DIN EN 494:2013-01

Grenzabmaße für Nennmaße:

- für die Wellenbreite a:
  - bis 75 mm   ± 1,5 mm
  - über 75 bis 180 mm   ± 2,0 mm
  - über 180 bis 260 mm   ± 2,5 mm
  - über 260 mm   ± 3,0 mm

- für die Höhe h:
  - über 15 bis 45 mm   ± 2,0 mm
  - über 45 bis 150 mm   ± 3,0 mm

- für die Länge l: ± 10 mm

- für die Breite w: +10/−5 mm

- für die Nenndicke e:
- durchschnittliche Dicke   ± 0,6 mm,
  max. ± 10%

- für die Rechtwinkligkeit: ≤ 6,0 mm

Fassadenplatten und Fassadenelemente aus Betonwerkstein

nach DIN V 18500:2006-12

größte Seitenlänge (Nennmaß)	Grenzabmaße für Länge und Breite	Grenzabmaße für die Dicke
bis 1.000 mm	± 3 mm	± 3 mm
über 1.000 bis 2.500 mm	± 4 mm	± 3 mm
über 2.500 bis 4.000 mm	± 5 mm	± 5 mm
über 4.000 mm	nach DIN 18203-1	nach DIN 18203-1

Tabelle 2.6.6: Grenzabmaße für Fassadenplatten und Fassaden-elemente aus Betonwerkstein nach DIN V 18500:2006-12, Tabelle 1

Putzträger und Putzprofile aus Metall für Innenputze

nach DIN EN 13658-1:2005-09

Grenzabmaße für Putzträger:

- für Streckmetall, Rippenstreckmetall und Drahtgittergewebe:
  - für die Länge   ± 1 %
  - für die Breite   ± 15 mm

- für normales und nicht rostendes Ziegeldrahtgewebe:
  - für Länge und Breite   ± 2 %

Grenzabmaße für Putzprofile (mit Nennlänge L):

- für die Länge:
  - bei gelochtem oder gestrecktem
    Metallband   ± 10 mm
  - bei verzinktem oder nicht
    rostendem Stahldraht   ± 20 mm

- für die Geradheit:
  - bei Eckschienen   max. L/400
  - bei Abschluss- und Anschlussprofilen   max. L/600

Putzträger und Putzprofile aus Metall für Außenputze
nach DIN EN 13658-2:2005-09

Grenzabmaße für Putzträger:

- für Streckmetall, Rippenstreckmetall und
  Drahtgittergewebe:
  - für die Länge   ± 1 %
  - für die Breite   ± 15 mm

- für normales und nicht rostendes
  Ziegeldrahtgewebe:
  - für Länge und Breite   ± 2 %

Grenzabmaße für Putzprofile (mit Nennlänge L):

- für die Länge:
  - bei gelochtem oder gestrecktem
    Metallband   ± 10 mm
  - bei verzinktem oder nicht
    rostendem Stahldraht   ± 20 mm

- für die Geradheit:
  - bei Eckschienen   max. $L/400$
  - bei Abschluss- und Anschlussprofilen   max. $L/600$

Metallprofile für Unterkonstruktionen von Gipsplattensystemen

nach DIN EN 14195:2005-05

Grenzwerte für Maßabweichungen der Metallprofile:

- für die Länge:
  - bis 3.000 mm Nennlänge   ± 3 mm
  - über 3.000 bis 5.000 mm Nennlänge   ± 4 mm
  - über 5.000 mm Nennlänge   ± 5 mm

- für die Breite: ± 0,5 mm
  - für die Flanschbreite
    zwischen 2 Umbiegungen   ± 0,5 mm
    zwischen 1 Umbiegung und 1 Schnittkante   ± 1,0 mm

- für das Winkelmaß:
  - zwischen Steg und Flansch   ± 2 Grad

- für die Geradheit:
  - bezogen auf die Nennlänge L $L/400$

- für die Verdrehung:
  - bezogen auf die Spaltbreite h und
    die Nennbreite W $h/W \leq 0{,}1$

Gipsplatten
nach DIN 18180:2007-01

Maßtoleranzen für allseitig zugeschnittene Platten mit rechten Winkeln und Kantenlängen über 500 mm:

- Grenzabmaß für die Kantenlänge:
  - bezogen auf das Nennmaß   ± 0,15 %

- Abweichung vom rechten Winkel:
  - bezogen auf das Nennmaß der
    Kantenlänge   max. 0,2 %

Gipsplatten
nach DIN EN 520:2009-12

Grenzabmaße für Gipsplatten Typ P (Putzträgerplatten):

- für die Breite: 0/–8 mm

- für die Länge: 0/–6 mm

- für die Dicke: ± 0,6 mm

Grenzabmaße für Gipsplatten der Typen A, H, D, E, F, I, R
oder kombiniert:

- für die Breite: 0/–4 mm

- für die Länge: 0/–5 mm

- für die Dicke:
  - für Nenndicken < 18 mm   ± 0,5 mm
  - für Nenndicken ≥ 18 mm   ± 0,4 × Dicke
                                               in mm

Berechnete Grenzabmaße für die Dicke werden auf 0,1 mm gerundet.

Die **Abweichung von der Rechtwinkligkeit** darf 2,5 mm je m Breite nicht überschreiten.

Unterdecken
nach DIN EN 13964:2007-02

Grenzabmaße des Querschnitts von Profilen:

- bei T-Profilen, Z-Profilen, Bandrasterprofilen und CD-Profilen: ± 0,3 mm

- bei Randprofilen und Anschlussprofilen: ± 0,5 mm

Grenzabmaße für die Unterkonstruktion:

- für den Achsabstand zwischen 2 Hauptschienen: ± 0,25 mm/m

- für den Achsabstand zwischen 2 T-Profilen: ± 0,25 mm

- für die Krümmung: ≤ 1,5 mm/m

- für Wölbung (Aufwölbung, Überhöhung):   ≤ 1,5 mm/m

- für die Verdrehung: ≤ 2°/m

Grenzabmaße für dickwandige Decklagenbauteile:

- für die Länge: $\qquad$ ± 1,5 mm
- für die Breite: $\qquad$ ± 1,5 mm
- für die Dicke: $\qquad$ ± 1,5 mm
- für die Abweichung von
  der Rechtwinkligkeit: $\qquad$ 1/500
- für die Abweichung von der
  Ebenheit, bezogen auf die
  gemessene Länge: $\qquad$ 1/300

Grenzabmaße für dünnwandige Decklagenelemente:

- für die Länge:
  - über 1.000 mm Nennlänge $\qquad$ 0/–0,4 mm
  - bis 1.000 mm Nennlänge $\qquad$ 0/–0,5 mm
- für die Breite: $\qquad$ 0/–0,4 mm

Grenzwerte für Ebenheitsabweichungen dünnwandiger Decklagenelemente:

- am Rand:
  - Länge bis 1.000 mm $\qquad$ –0,5/+0,5 mm
  - Länge über 1.000 bis 2.000 mm $\qquad$ –0,5/+1,5 mm
  - Länge über 2.000 bis 3.000 mm
    und Breite bis 400 mm $\qquad$ –0,5/+3,0 mm
    und Breite über 400 bis 500 mm $\qquad$ –0,5/+3,5 mm
    und Breite über 500 bis 625 mm $\qquad$ –0,5/+4,0 mm

- in der Mitte:
  - Länge bis 1.000 mm
    und Breite bis 400 mm   –0,2/+3,0 mm
    und Breite über 400 bis 500 mm   –0/+4,0 mm
    und Breite über 500 bis 625 mm   –0/+6,0 mm
    und Breite über 625 bis 1.250 mm   –0/+10,0 mm
  - Länge über 1.000 bis 2.000 mm
    und Breite bis 400 mm   –0,2/+4,0 mm
    und Breite über 400 bis 500 mm   –0/+5,0 mm
    und Breite über 500 bis 625 mm   –0/+7,0 mm
    und Breite über 625 bis 1.250 mm   –0/+13,0 mm
  - Länge über 2.000 bis 3.000 mm
    und Breite bis 400 mm   –0,2/+6,0 mm
    und Breite über 400 bis 500 mm   –0/+7,0 mm
    und Breite über 500 bis 625 mm   –0/+9,0 mm

Die Grenzwerte für Ebenheitsabweichungen gelten für nicht perforierte und perforierte dünnwandige Decklagenelemente mit einem Lochdurchmesser von höchstens 4 mm und einer Öffnungsfläche von maximal 25 %.

Grenzwert für die Abweichung von der Rechtwinkligkeit
der langen Kante zur kurzen Kante für dünnwandige Deckelemente:

- mit Paneelbreiten bis 625 mm: ± 0,5 mm

- mit Paneelbreiten über 625 bis 1.250 mm: ± 0,6 mm

Grenzabmaße der Paneele für Unterdeckensysteme:

- für die Bauteilhöhe: ± 0,5 mm

- für die Bauteillänge:
  - für Nennlängen über 850 bis 3.000 mm   ± 1,25 mm
  - für Nennlängen über 3.000 bis 6.000 mm ± 2,0 mm

Grenzwerte für Ebenheitsabweichungen von Paneelen:

- am Rand:
  - bis 100 mm Paneelbreite   ± 1,5 mm
  - über 100 bis 200 mm Paneelbreite   +2,0/–2,5 mm
  - über 200 bis 300 mm Paneelbreite   +2,5/–3,5 mm
  - über 300 bis 400 mm Paneelbreite   +2,7/–4,0 mm

- in der Mitte:
  - bis 100 mm Paneelbreite   +1,5/–1,0 mm
  - über 100 bis 200 mm Paneelbreite   +2,0/–1,25 mm
  - über 200 bis 300 mm Paneelbreite   +2,5/–1,5 mm
  - über 300 bis 400 mm Paneelbreite   +2,7/–1,75 mm

Grenzwerte für die Ebenheitsabweichung der Paneele in Längsrichtung (Wellenbildung):

- für Paneelbreiten bis 200 mm: –0,5/+0,5 mm

- für Paneelbreiten über 200 bis 400 mm: –0,8/+0,8 mm

Der **Grenzwert für eine Wölbung der Paneele** in Längsrichtung beträgt 1/1.500 der Paneellänge, gemessen in Paneelmitte (entspricht 0,67 mm bei einer Länge von 1 m).

Der **Grenzwert für die Paneeldurchbiegung** zwischen 2 Grundprofilen/Auflagern, gemessen in der Mitte der Spannweite, beträgt 1/500 der Spannweite.

Putz- und Stuckarbeiten

nach VOB/C ATV DIN 18350:2012-09

Abweichungen von vorgeschriebenen Maßen sind in den durch DIN 18202 bestimmten Grenzen zulässig. Unebenheiten in den Oberflächen, die bei Streiflicht sichtbar werden, sind zulässig, wenn diese innerhalb der Toleranzen nach DIN 18202 liegen. Werden an die Ebenheit von Oberflächen **erhöhte Anforderungen** gemäß DIN 18202, Tabelle 3, Zeile 7 (vgl. Teil 1: Tabelle 1.5.3), gestellt, so sind die hierfür zu treffenden Maßnahmen Besondere Leistungen gemäß ATV DIN 18350:2012-09. **Besondere Leistungen** sind auch Maßnahmen, die zum Ausgleich von größeren Unebenheiten des Untergrundes als nach den Grenzwerten in DIN 18202 zulässig erforderlich werden.

Die Regelung über **Unebenheiten, die nur im Streiflicht sichtbar werden,** kann nur angewendet werden für Abweichungen mit gleichmäßigem allmählichem Verlauf, die zudem nicht bei der üblicherweise vorherrschenden Belichtung oder Beleuchtung sichtbar werden. Von dieser Regelung nicht erfasst werden

- Abweichungen mit gleichmäßigem allmählichem Verlauf, die auch bei üblicher gleichmäßiger Beleuchtung sichtbar sind (z. B. Decken- und Wandkehlen mit welligem Verlauf),

- Abweichungen an singulären Stellen (z. B. kleinere Dellen in der Oberfläche, sich abzeichnende Fugen bei Mauerwerk als Putzgrund),

- Verarbeitungsspuren an der Putzoberfläche, sofern diese nicht strukturbedingt gewollt sind (z. B. Spachtelspuren, Ansatzspuren des abschließenden Zureibens).

Maßtoleranzen für Innenputz
nach DIN EN 13914-2:2005-07

Grenzwerte für die Ebenheitsabweichung des Putzgrundes:

- Klasse 0   keine Anforderung
- Klasse 1   15 mm auf 2 m
- Klasse 2   12 mm auf 2 m
- Klasse 3   10 mm auf 2 m
- Klasse 4   5 mm auf 2 m
- Klasse 5   2 mm auf 2 m

Grenzwerte für die Ebenheitsabweichung der Putzoberfläche:

- Klasse 0   keine Anforderung
- Klasse 1   10 mm auf 2 m
- Klasse 2   7 mm auf 2 m
- Klasse 3   5 mm auf 2 m
- Klasse 4   3 mm auf 2 m
- Klasse 5   2 mm auf 2 m

Grenzwerte für Abweichungen vom rechten Winkel in Abhängigkeit von der Länge l der angrenzenden Oberfläche:

- für Länge l bis 0,25 m   max. 3 mm
- für Länge l über 0,25 bis 0,5 m   max. 5 mm
- für Länge l über 0,5 bis 1,0 m   max. 6 mm
- für Länge l über 1,0 bis 3,0 m   max. 8 mm

Maßtoleranzen für Putze

nach DIN V 18550:2005-04

Qualitätsstufen für abgezogene Putze:

Qualitätsstufe	Beschaffenheit/Eignung der Oberflächen	Maßtoleranz
Q1 – abgezogen	geschlossene Putzfläche	–
Q2 – abgezogen/ Standard	geeignet z. B. für: • dekorative Oberputze ≥ 2,0 mm • Wandbeläge aus Keramik (Fliesen), Natur- und Kunststein usw.	Standardanforderungen an die Ebenheit nach DIN 18202, Tabelle 3, Zeile 6
Q3 – abgezogen	geeignet z. B. für: • dekorative Oberputze ≥ 2,0 mm • Wandbeläge aus Fein-Keramik großformatige Fliesen, Glas, Natur- und Kunststein usw.	erhöhte Anforderungen an die Ebenheit nach DIN 18202, Tabelle 3, Zeile 7; Ausführung mit Unterputzprofilen oder Putzleisten
Q4 – abgezogen	–	–

Tabelle 2.6.7: Qualitätsstufen für abgezogene Putze nach DIN V 18550: 2005-04, Anhang B

Qualitätsstufen für geglättete Putze:

Qualitätsstufe	Beschaffenheit/Eignung der Oberflächen	Maßtoleranz
Q1 – geglättet	–	–
Q2 – geglättet/ Standard	geeignet für: • dekorative Oberputze > 1,0 mm • mittel bis grob strukturierte Wandbekleidungen, z. B. Raufasertapeten mit mittlerer oder grober Körnung • matte, gefüllte Anstriche/ Beschichtungen (z. B. Dispersionsanstrich), die mit grober Lammfell- oder Strukturrolle aufgetragen werden	Standardanforderungen an die Ebenheit nach DIN 18202, Tabelle 3, Zeile 6
Q3 – geglättet	geeignet für: • dekorative Oberputze ≤ 1,0 mm • fein strukturierte Wandbekleidungen • matte, fein strukturierte Anstriche/Beschichtungen	Standardanforderungen an die Ebenheit nach DIN 18202, Tabelle 3, Zeile 6
Q4 – geglättet	geeignet für glatte oder strukturierte Wandbekleidungen mit Glanz, z. B.: • Metall, Vinyl- oder Seidentapeten • Lasuren oder Anstriche/Beschichtungen bis zum mittleren Glanz • Spachtel- und Glättetechniken	erhöhte Anforderungen an die Ebenheit nach DIN 18202, Tabelle 3, Zeile 7; im Allgemeinen sind Unterputzprofile oder Putzleisten einzusetzen

Tabelle 2.6.8: Qualitätsstufen für geglättete Putze nach DIN V 18550: 2005-04, Anhang B

Qualitätsstufen für gefilzte/abgeriebene Putze:

Qualitätsstufe	Beschaffenheit/Eignung der Oberflächen	Maßtoleranz
Q1 – gefilzt bzw. abgerieben	–	–
Q2 – gefilzt bzw. abgerieben/ Standard	Gefilzte oder abgeriebene Putzoberflächen sind geeignet für: • matte, nicht strukturierte Anstriche/Beschichtungen Abgeriebene Putzoberflächen sind auch geeignet für: • grob strukturierte Wandbekleidungen, z. B. Raufasertapeten mit grober Körnung	Standardanforderungen an die Ebenheit nach DIN 18202, Tabelle 3, Zeile 6
Q3 – gefilzt bzw. abgerieben	Putzoberflächen der Qualitätsstufe 3 sind geeignet für: • matte, nicht strukturierte Anstriche/Beschichtungen	Standardanforderungen an die Ebenheit nach DIN 18202, Tabelle 3, Zeile 6
Q4 – gefilzt bzw. abgerieben	Diese Qualitätsstufe wird nur durch Aufbringen einer zusätzlichen Lage aus Dekor-Filzputz, ggf. mit Anstrich/Beschichtung, erreicht. Der Unterputz muss mindestens der Qualitätsstufe 3 von eben abgezogenen Putzen entsprechen.	erhöhte Anforderungen an die Ebenheit nach DIN 18202, Tabelle 3, Zeile 7; im Allgemeinen sind Unterputzprofile oder Putzleisten einzusetzen

Tabelle 2.6.9: Qualitätsstufen für gefilzte/abgeriebene Putze nach DIN V 18550:2005-04, Anhang B

Genauigkeitsanforderungen an Innenputze

nach Merkblatt „Putzoberflächen im Innenbereich" (vgl.
Bundesverband der Gipsindustrie, 2011)

In einem Merkblatt des Bundesverbandes der Gipsindustrie
werden für Putzoberflächen im Innenbereich **Qualitätsstufen**
für abgezogene Putze, für geglättete Putze und für gefilzte
Putze definiert. Unterschieden werden die Qualitätsstufen Q1
bis Q4. Die Standardanforderungen gelten, soweit keine Ver-
einbarungen zu den Ebenheitstoleranzen getroffen werden.
Für die Qualitätsstufe Q3 sollten und für die Qualitätsstufe
Q4 müssen Ebenheitstoleranzen mit **erhöhten Anforderungen** vereinbart werden.

Beschreibung	Qualitätsstufen			
	Q1	**Q2**	**Q3**	**Q4**
	ohne Anforderung	**Standard**	**erhöhte Anforderung**	**höchste Anforderung**
abgezogene Putze				
Ebenheits-anforderung	keine	normale Anforderung	erhöhte Anforderung	–
optische Anforderung	keine Bearbeitungs-spuren sind sichtbar.	keine	keine	–

Tabelle 2.6.10: Qualitätsstufen und Anforderungen für Putze im Innenbereich
nach Bundesverband der Gipsindustrie, 2011 (Fortsetzung nächste Seite)

Beschreibung	Qualitätsstufen			
	Q1	**Q2**	**Q3**	**Q4**
	ohne Anforderung	Standard	erhöhte Anforderung	höchste Anforderung
Ausführung	abgezogen	abgezogen und ausgerichtet	über Unterputzprofile oder Putzleisten abgezogen	–
geglättete Putze				
Ebenheits-anforderung	keine	normale Anforderung	normale Anforderungen	erhöhte Anforderungen
optische Anforderung	keine Bearbeitungs-spuren sind sichtbar.	Vereinzelte Abzeichnungen sind nicht aus-zuschließen. Schattenfreiheit bei Streiflicht kann nicht er-reicht werden.	Bearbeitungs-spuren werden weitgehend vermieden. Schattenfreiheit bei Streiflicht kann nicht er-reicht werden.	Abzeichnungen werden mini-miert. Absolute Schat-tenfreiheit bei Streiflicht kann nicht erreicht werden.
Ausführung	abgezogen	abgezogen, ausgerichtet und geglättet	wie Q2, zusätz-lich geglättet	wie Q3, zusätz-lich vollflächig überarbeitet

Tabelle 2.6.10 (Fortsetzung): Qualitätsstufen und Anforderungen für Putze im Innenbereich nach Bundesverband der Gipsindustrie, 2011

Beschreibung	Qualitätsstufen			
	Q1	Q2	Q3	Q4
	ohne Anforderung	Standard	erhöhte Anforderung	höchste Anforderung
abgeriebene Putze				
Ebenheits-anforderung	keine	normale Anforderungen	normale Anforderungen	erhöhte Anforderungen
optische Anforderung	keine Bearbeitungs-spuren sind sichtbar.	übliche Anforderung Vereinzelte Abzeichnungen sind nicht aus-zuschließen. Schattenfreiheit bei Streiflicht kann nicht er-reicht werden.	Gesamteindruck der Struktur ohne Störung Schattenbildung bei Streiflicht ist hinzunehmen.	Strukturbild muss gleich-mäßig sein. Absolute Schat-tenfreiheit bei Streiflicht kann nicht erreicht werden.
Ausführung	abgerieben	abgezogen, ausgerichtet und abgerieben	abgezogen, ausgerichtet, vor- und nach-gerieben	abgezogen, ausgerichtet und zweilagig abgerieben

Tabelle 2.6.10 (Fortsetzung): Qualitätsstufen und Anforderungen für Putze im Innenbereich nach Bundesverband der Gipsindustrie, 2011

Beschreibung	Qualitätsstufen			
	Q1	Q2	Q3	Q4
	ohne Anforderung	Standard	erhöhte Anforderung	höchste Anforderung
gefilzte Putze				
Ebenheits-anforderung	keine	normale Anforderungen	normale Anforderungen	erhöhte Anforderungen
optische Anforderung	keine Bearbeitungs-spuren sind sichtbar.	übliche Anforderung Vereinzelte Abzeichnungen sind nicht aus-zuschließen. Schattenfreiheit bei Streiflicht kann nicht er-reicht werden.	Gesamteindruck der Struktur ohne Störung Schattenbildung bei Streiflicht ist hinzunehmen.	Gesamtein-druck der Struktur ohne Störung Absolute Schat-tenfreiheit bei Streiflicht kann nicht erreicht werden.
Ausführung	gefilzt	abgezogen, ausgerichtet und gefilzt	abgezogen, ausgerichtet, vor- und nach-gefilzt	abgezogen, ausgerichtet, vor- und nach-gefilzt

Tabelle 2.6.10 (Fortsetzung): Qualitätsstufen und Anforderungen für Putze im Innenbereich nach Bundesverband der Gipsindustrie, 2011

Vorgehängte hinterlüftete Fassaden

nach VOB/C ATV DIN 18351:2012-09

Maßabweichungen von den vorgeschriebenen Maßen sind in den durch DIN 18202 (für Bauwerke) bestimmten Grenzen zulässig. Werden an die Ebenheit der Fassadenarbeiten **erhöhte Anforderungen** nach DIN 18202, Tabelle 3, Zeile 7, oder sonstige erhöhte Anforderungen an die Maßhaltigkeit gegenüber den in DIN 18202 aufgeführten Werten gestellt, so sind die zu treffenden Maßnahmen Besondere Leistungen.

Unebenheiten in den Oberflächen von Wandbekleidungen, die nur im Streiflicht sichtbar werden, sind zulässig, wenn die Toleranzen nach DIN 18202 eingehalten sind.

Unterkonstruktionen sind flucht- und lotrecht unter Berücksichtigung der Grenzwerte für Maßabweichungen, Winkelabweichungen und Ebenheitsabweichungen nach DIN 18202 zu montieren.

Wärmedämm-Verbundsysteme

nach VOB/C ATV DIN 18345:2012-09

Abweichungen von vorgeschriebenen Maßen sind in den durch DIN 18202 bestimmten Grenzen zulässig. Unebenheiten in den Oberflächen, die bei Streiflicht sichtbar werden, sind zulässig, wenn diese innerhalb der Toleranzen nach DIN 18202 liegen. Werden an die Ebenheit der Oberflächen von Wärmedämm-Verbundsystemen **erhöhte Anforderungen** gemäß DIN 18202, Tabelle 3, Zeile 7, gestellt, so sind die hierfür erforderlichen Maßnahmen Besondere Leistungen.

Technische Richtlinien für Maler- und Lackiererarbeiten

Für die Verarbeitung von Wärmedämm-Verbundsystemen wird im Merkblatt Nr. 21 der technischen Richtlinien für Maler- und Lackiererarbeiten (vgl. Bundesausschuss Farbe und Sachwertschutz, 2012b) die Einhaltung der Ebenheitsabweichungen nach DIN 18202 für den Untergrund gefordert. Werden die Grenzwerte für Ebenheitsabweichungen überschritten, so ist ein zusätzlicher Ausgleichsputz als Besondere Leistung vor dem Aufbringen des Wärmedämm-Verbundsystems herzustellen.

Trockenbauarbeiten
nach VOB/C ATV DIN 18340:2012-09

Abweichungen von vorgeschriebenen Maßen sind in den durch DIN 18202 bestimmten Grenzen zulässig.

Unebenheiten in den Oberflächen von Bauteilen, die bei Streiflicht sichtbar werden, sind zulässig, wenn diese innerhalb der Toleranzen nach DIN 18202 liegen.

Werden an die Ebenheit von Bauteiloberflächen **erhöhte Anforderungen** gemäß DIN 18202, Tabelle 3, Zeile 4 oder Zeile 7 (vgl. Teil 1: Tabelle 1.5.3) gestellt, so sind die hierfür erforderlichen Maßnahmen Besondere Leistungen. Werden höhere Anforderungen an die Maßhaltigkeit gestellt als nach den Grenzwerten für Maßabweichungen in DIN 18202 zulässig, so sind die hierfür erforderlichen Maßnahmen ebenso Besondere Leistungen.

Bei Decken- und Wandoberflächen mit optischen Anforderungen sind eine Grundverspachtelung und eine Nachverspachtelung bis zum Erreichen eines stufenlosen Übergangs der **Spachtelung** zur Plattenoberfläche auszuführen. Bearbeitungsabdrücke oder Spachtelgrate dürfen nicht sichtbar bleiben. Flächen mit optischen Anforderungen sind z. B. Untergründe für Anstriche und Beschichtungen, für strukturierte Wandbekleidungen sowie für Oberputze.

Werden zusätzliche Spachtel- oder Schleifgänge erforderlich, um optische Anforderungen an die fertige Oberfläche zu gewährleisten, so sind dies Besondere Leistungen. Hierzu zählen z. B. Spachtel- und Schleifgänge bei Untergründen für matte, nicht strukturierte Anstriche, fein strukturierte und glatte Wandbekleidungen sowie Lasuren und hochwertige Glättetechniken.

Klassifizierung von Spachtelarbeiten

nach Merkblatt Nr. 2 der Industriegruppe Gipsplatten (vgl. Industriegruppe Gipsplatten, 2007/2011)

Qualitätsstufen für die Verspachtelung von Trockenbauarbeiten mit Gipsplatten-Systemen:

- **Grundverspachtelung Q1:** Füllen der Stoßfugen der Gipsplatten; Überziehen der sichtbaren Teile der Befestigungsmittel; überstehendes Spachtelmaterial ist abzustoßen, werkzeugbedingte Markierungen, Riefen und Grate sind zulässig; Fugendeckstreifen sind einzulegen, wenn das gewählte Verspachtelungssystem dies vorsieht und/oder wenn dies aus konstruktiven Gründen für erforderlich erachtet wird;

- **Standardverspachtelung Q2:** Grundverspachtelung Q1, nachspachteln bis zum Erreichen eines stufenlosen Übergangs zur Plattenoberfläche; Bearbeitungsabdrücke oder Spachtelgrate dürfen nicht sichtbar bleiben, erforderlichenfalls sind die verspachtelten Bereiche zu schleifen;

- **Sonderverspachtelung Q3:** Standardverspachtelung Q2; breites Ausspachteln der Fugen sowie ein scharfes Abziehen der restlichen Kartonoberfläche zum Porenverschluss mit Spachtelmaterial, im Bedarfsfall sind die gespachtelten Flächen zu schleifen;

- **Vollflächenverspachtelung Q4:** Standardverspachtelung Q2; breites Ausspachteln der Fugen sowie ein vollflächiges Überziehen und Glätten der gesamten Oberfläche mit einem dafür geeigneten Material (Schichtdicke größer 1 mm).

Naturwerksteinarbeiten
nach VOB/C ATV DIN 18332:2012-09

Abweichungen von den vorgeschriebenen Maßen sind in den durch DIN 18202 bestimmten Grenzen zulässig.

Grenzabmaße für Platten und Werkstücke aus Naturwerkstein:

- für die **Dicke:**
  - bis zu 30 mm   ± 10 %
  - mehr als 30 mm   ± 3 mm
  - mehr als 80 mm   ± 5 mm

– bei zusammengesetzten Platten
die sichtbare Dicke am Stoß   ± 0,5 mm
– bei zusammengesetzten Werkstücken
die sichtbare Dicke am Stoß   1 mm

- für die **Länge:**
  – bis zu 60 cm   ± 1 mm
  – mehr als 60 cm   ± 2 mm
  – bei einer Dicke von mehr als 80 mm   ± 5 mm

- für den **Winkel:**
  – bei einem vorgegebenen Winkel,
    bezogen auf die Kantenlänge   0,2 %
                              bis zu max. 2 mm

Die angegebenen Grenzabmaße gelten nicht für gespaltene
oder handbekantete Platten und Werkstücke.

Abweichungen von der Ebenheit bei Platten mit geschliffener oder polierter Oberfläche dürfen nicht größer als 0,2 %
der größten Plattenlänge sein, maximal jedoch 2 mm. Diese
Anforderung gilt nicht für bruchraue oder gespaltene Oberflächen.

Winkelabweichungen der gesamten Bekleidungsfläche dürfen nicht größer als die Grenzwerte DIN 18202, Tabelle 2
(vgl. Teil 1: Tabelle 1.5.2), sein. Platten und Werkstücke aus
Naturwerkstein sind senkrecht und fluchtrecht zu versetzen.

Ebenheitsabweichungen dürfen nicht größer sein als die
Grenzwerte nach DIN 18202, Tabelle 3. Werden an die Ebenheit von Flächen **erhöhte Anforderungen** gestellt, d. h. die

Ebenheitsabweichungen nach DIN 18202, Tabelle 3, Zeile 4 oder 7, gefordert (vgl. Teil 1: Tabelle 1.5.3), so sind die zu treffenden Maßnahmen Besondere Leistungen und gesondert zu vereinbaren. Die bei **Bauprodukten** für die Ebenheit zulässigen Abweichungen sind in den Grenzwerten für Ebenheitsabweichungen nach DIN 18202 nicht enthalten und daher zusätzlich zu berücksichtigen.

Die Grenzwerte für Ebenheitsabweichungen nach DIN 18202, Tabelle 3, stellen insbesondere bei kurzen Messpunktabständen und bei geschliffenen oder polierten Oberflächen ein Maß dar, das im Einzelfall optisch stark auffällig sein kann. Die Einhaltung der Grenzwerte für Ebenheitsabweichungen garantiert deshalb nicht in jedem Fall ein einwandfreies Erscheinungsbild. Ein geringeres Toleranzmaß als in DIN 18202 angegeben ist unter dem Aspekt des **optischen Erscheinungsbildes** geboten und nach baupraktischer Erfahrung von dem Ausführenden im Regelfall auch zu erwarten.

Die **Dicke des Mörtelbettes** für die Verlegung von Wandbekleidungen im Dickbett beträgt 10 bis 20 mm. Mit der zulässigen Schwankung der Mörtelbettdicke können Toleranzen des Untergrundes ausgeglichen werden. Die unterschiedlichen Ebenheitsanforderungen für den Untergrund und für die fertige Oberfläche der Bekleidung müssen durch die Mörtelbettdicke ausgeglichen werden. Darüber hinaus müssen die zulässigen Maßabweichungen und Ebenheitsabweichungen der einzelnen Platten bzw. Werkstücke in der Mörtelbettdicke aufgenommen werden. Die Mindest- und Höchstmaße für die Mörtelbettdicken sind jedoch in jedem Fall einzuhalten.

Fugen sind gleichmäßig breit anzulegen. Die Abmaße der Platten und der Werkstücke sind in den Fugen auszugleichen.

Fugenbreiten (mineralische Mörtelfuge):

- bei Plattenformaten bis 60 cm Kantenlänge: etwa 3 mm

- bei Kantenlängen über 60 cm: etwa 5 mm

- bei massiven Werkstücken: mind. 10 mm

Ungleichmäßigkeiten des Fugenbildes werden bei optisch abgesetzten Fugen eher als störend wahrgenommen als bei einem optisch einheitlichen Erscheinungsbild von Platten und Fugen. Als baupraktische Toleranz für die Fugenbreite ist deshalb nur die für die Abmessungen der Platten und Werkstücke zulässige Toleranz anzusetzen, da diese in den Fugen aufgenommen werden muss.

Höhenversätze zwischen benachbarten Bauteilen sind gesondert zu regeln. Bei flächenfertigen Wänden sollen Sprünge und Absätze vermieden werden. Dies bezieht sich auch auf mögliche Höhenversätze zwischen 2 aneinanderstoßenden Platten einer Bekleidung aus Platten.

In ATV DIN 18332:2012-09 werden zu Höhenversätzen zwischen benachbarten Platten keine Angaben gemacht. Nach Meinung des Verfassers stellt ein Toleranzmaß von ca. 0,5 bis 1,0 mm für den Höhenversatz benachbarter Platten mit geschliffener oder polierter Oberfläche ein Maß dar, das baupraktisch bei handwerklich sorgfältiger Arbeit eingehalten werden kann. Weiter gehende Anforderungen an die Ebenheit der Oberfläche der Bekleidung sollten gesondert vereinbart werden.

Betonwerksteinarbeiten

nach VOB/C ATV DIN 18333:2012-09

Fugen zwischen den Platten und Werkstücken aus Betonwerkstein sind gleichmäßig breit anzulegen. Maßabweichungen der Werkstücke sind in den Fugen auszugleichen.

Fugenbreiten bei Betonwerksteinplatten im Mörtelbett:

- bei Kantenlängen bis 60 cm: 3 mm Breite
- bei Kantenlängen über 60 cm: 5 mm Breite

Bei Betonwerksteinplatten ohne Mörtelbett sind die Fugen
mit einer Breite von 5 mm anzulegen. Lager- und Stoßfugen
sind in Gebäuden mit 2 mm und im Freien mit 5 mm Breite
auszuführen.

Die Toleranz für die Fugenbreite ist aus technischer Sicht auf
den Ausgleich von Maßabweichungen der Platten bzw. Bauteile zu begrenzen.

Winkelabweichungen dürfen nicht größer sein als die Grenzwerte nach DIN 18202, Tabelle 2 (vgl. Teil 1: Tabelle 1.5.2).
Platten für Wandbekleidungen sind flucht- und senkrecht zu
versetzen.

Ebenheitsabweichungen sind in den durch DIN 18202
bestimmten Grenzen zulässig. Unebenheiten in den Oberflächen von Bauteilen, die bei Streiflicht sichtbar werden,
sind zulässig, wenn sie innerhalb der Maßtoleranzen nach

DIN 18202 liegen. Die für die Bauteile aus Betonwerkstein zulässigen Ebenheitsabweichungen sind in den Grenzwerten für Ebenheitsabweichungen nach DIN 18202, Tabelle 3 (vgl. Teil 1: Tabelle 1.5.3), nicht enthalten und zusätzlich zu berücksichtigen.

Höhenversätze benachbarter Bauteile sind bei Belägen aus Betonwerkstein bis 1,5 mm zulässig. Für die Beurteilung von Höhenversätze benachbarter Platten bei Bekleidungen aus Betonwerkstein enthält die ATV DIN 18333:2012-09 keine Angaben. Aus baupraktischer Erfahrung können bei Bekleidungen je nach Art der Befestigung der einzelnen Platten im Allgemeinen geringere Höhendifferenzen zwischen benachbarten Platten als 1,5 mm ausgeführt werden (z. B. bei Befestigung über fein justierbare Schraubenbolzen). Auch **in optischer Hinsicht** sind geringere Toleranzen als 1,5 mm erstrebenswert, wenn Wandbekleidungen eine geringere Sichtentfernung zum Betrachter als der Bodenbelag haben und Unebenheiten wegen der Oberflächengestaltung optisch stärker wahrgenommen werden.

Grenzabweichungen für die Abmessungen von Betonwerksteinen sind in ATV DIN 18333:2012-09 nicht enthalten. Die in ATV DIN 18332:2012-09 enthaltenen Grenzabweichungen für Platten und Werkstücke aus Naturwerkstein können nach Meinung des Verfassers analog auch für die Ausführung von Betonwerksteinarbeiten Anwendung finden, wenn eine Oberflächenbearbeitung (z. B. bei geschliffenen und geschnittenen

Platten) ähnlich wie bei Naturwerksteinarbeiten erfolgt. Die zulässigen Maßabweichungen **für die Länge** betragen dann:

- bei einer Länge bis zu 60 cm: ± 1 mm
- bei einer Länge von mehr als 60 cm: ± 2 mm
- bei einer Dicke von mehr als 80 mm: ± 5 mm

sowie **für den Winkel**:

- bei einem vorgegebenen Winkel,
  bezogen auf die Kantenlänge: 0,2 %
       bis max. 2 mm

Fliesen- und Plattenarbeiten
nach VOB/C ATV DIN 18352:2012-09

Grenzwerte für Maßabweichungen vom Nennmaß:

- bei gesägten Natursteinfliesen bis 12 mm Dicke:
  – für die Länge, Breite und Dicke   ± 0,5 mm
- bei gesägten Natursteinplatten ab 12 mm Dicke
  und bis 60 cm Kantenlänge:
  – für die Länge und für die Breite   ± 1 mm
  – für die Dicke   ± 1,5 mm

Abweichungen von vorgeschriebenen Maßen sind in den durch DIN 18202 bestimmten Grenzen zulässig.

Winkelabweichungen: Fliesen, Platten und Mosaik sind lotrecht, fluchtrecht und waagerecht oder mit dem angegebenen Gefälle unter Berücksichtigung des angegebenen Höhenbezugspunktes anzusetzen oder zu verlegen.

Ebenheitsabweichungen: Maßnahmen zum Ausgleich von Unebenheiten und Maßabweichungen des Untergrundes innerhalb der nach DIN 18202 zulässigen Abweichungen beim Ansetzen oder Verlegen von Fliesen und Platten im Dickbett sind Nebenleistungen.

Fugen von Fliesen- und Plattenarbeiten sind gleichmäßig breit anzulegen. Maßtoleranzen der Bekleidungen sind in den Fugen auszugleichen. Für die absolute Fugenbreite gelten folgende Wertebereiche:

- trocken gepresste keramische Fliesen und Platten:
  - bis zu einer Seitenlänge von 10 cm   1 bis 3 mm
  - mit einer Seitenlänge über 10 cm   2 bis 8 mm

- stranggepresste keramische Fließen und Platten:
  - mit Kantenlängen bis 30 cm   4 bis 10 mm
  - mit Kantenlängen über 30 cm   mind. 10 mm

- Bodenklinkerplatten nach
  DIN 18158:1986-09:   8 bis 15 mm
  - Sollnhofener Platten, Natursteinfliesen   2 bis 3 mm
  - Naturstein- oder Glasmosaik sowie
    Natursteinriemchen   1 bis 3 mm

Die angegebenen Von-bis-Bereiche stellen jedoch entsprechend der Forderung nach einer gleichmäßigen Fugenbreite keinen Toleranzbereich für die Fugenbreite dar. Vielmehr ist für die Ausführung einer in sich geschlossenen Belagfläche eine einheitliche Fugenbreite zu wählen. Schwankungen dieser Fugenbreite sind nur für den Ausgleich von Maßtoleranzen der Belagstoffe zulässig.

Höhenversätze benachbarter Fliesen und Platten sind in ATV DIN 18352:2012-09 nicht geregelt. Für die Beurteilung von Stoßstellen benachbarter Fliesen und Platten können nach baupraktischer Erfahrung folgende Vorschläge gegeben werden:

- bei Fliesen und Platten mit geschliffener oder polierter Oberfläche oder vergleichbarer Glasuroberfläche: ca. 1,0 bis 1,5 mm als Toleranzmaß für Höhenversätze

- bei Fliesen und Platten mit nicht gleichmäßig egalisierter Oberfläche (z. B. rustikalen Fliesen mit herstellungsbedingt unebener Oberfläche): Ebenheitsdifferenzen der Fliesen-/Plattenoberfläche zuzüglich ca. 1,5 mm als Gesamttoleranzmaß für Höhenversätze

Die vorgenannten Toleranzwerte für Höhenversätze können jedoch nur dann angewendet werden, wenn das Gesamterscheinungsbild der geschlossenen Belagfläche durch die Ausnutzung dieser Toleranzwerte nicht nachteilig beeinträchtigt wird. In optischer Hinsicht können auch höhere Anforderungen an Höhenversätze benachbarter Fliesen und Platten notwendig sein.

Tischlerarbeiten
nach VOB/C ATV DIN 18355:2012-09

Abweichungen von den vorgeschriebenen Maßen sind in den durch DIN 18202 und DIN 18203-3:2008-08 bestimmten Grenzen zulässig. Unebenheiten in den Oberflächen von Bauteilen, die bei Streiflicht sichtbar werden, sind zulässig, wenn diese innerhalb der Toleranzen nach DIN 18202 liegen.

Maler- und Lackiererarbeiten
nach VOB/C ATV DIN 18363:2012-09

Anschlüsse einer Farbbeschichtung an Türen, Fenstern, Fußleisten, Sockeln und dergleichen sind scharf und geradlinig zu begrenzen. Die **Oberfläche** einer Beschichtung muss nach der Art des Beschichtungsstoffes und dem angewendeten Verfahren gleichmäßig ohne Ansätze und ohne Streifen erscheinen.

Tapezierarbeiten
nach VOB/C ATV DIN 18366:2012-09

Tapetenbahnen sind blasen- und faltenfrei zu tapezieren. An Wänden sind sie lotrecht anzubringen. Anschlüsse an Türen, Fenster, Fußleisten, Sockel und andere Bauteile müssen mit einem scharf begrenzten Stoß der Tapete ausgeführt werden. Leisten von Tapetenabschlüssen sind am Stoß genau aneinanderzupassen. Borten sind geradlinig anzubringen.

Nach den technischen Richtlinien für Maler- und Lackiererarbeiten, Merkblatt Nr. 10 (vgl. Bundesausschuss Farbe und Sachwertschutz, 2012a), muss der **Putz als Untergrund** für Beschichtungen, Tapezier- und Klebearbeiten fluchtgerecht sein und den Anforderungen gemäß DIN 18202 entsprechen. Bei erhöhten Anforderungen, z. B. aufgrund von Streiflicht, sind die besonderen Anforderungen an die Ebenheit nach DIN 18202 einzuhalten.

7   Estriche und Bodenbeläge

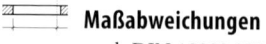

Maßabweichungen
nach DIN 18202:2013-04

Bezug	Grenzabweichungen in mm bei Nennmaßen in m					
	bis 1	über 1 bis 3	über 3 bis 6	über 6 bis 15	über 15 bis 30	über 30
1 Maße im Grundriss	± 10	± 12	± 16	± 20	± 24	± 30
2 Maße im Aufriss	± 10	± 16	± 16	± 20	± 30	± 30
3 lichte Maße im Grundriss	± 12	± 16	± 20	± 24	± 30	
4 lichte Maße im Aufriss	± 16	± 20	± 20	± 30		
5 Öffnungen	± 10	± 12	± 16			
6 Öffnungen, oberflächenfertige Leibungen	± 8	± 10	± 12			

Tabelle 2.7.1: Grenzabweichungen für Estriche und Bodenbeläge nach DIN 18202:2013-04, Tabelle 1

Winkelabweichungen
nach DIN 18202:2013-04

Bezug	Stichmaße als Grenzwerte in mm bei Nennmaßen in m						
	bis 0,5	über 0,5 bis 1	über 1 bis 3	über 3 bis 6	über 6 bis 15	über 15 bis 30	über 30
1 alle Flächen	3	6	8	12	16	20	30

Tabelle 2.7.2: Grenzwerte für Winkelabweichungen bei Estrichen und Bodenbelägen nach DIN 18202:2013-04, Tabelle 2

 **Ebenheitsabweichungen**
nach DIN 18202:2013-04

	Bezug	Stichmaße als Grenzwerte in mm bei Messpunktabständen in m				
		bis 0,1	bis 1[1]	bis 4[1]	bis 10[1]	bis 15[1, 2]
1	**nicht flächenfertige Oberseiten von Decken** Unterbeton und Unterböden	10	15	20	25	30
2a	wie Zeile 1, jedoch zur Aufnahme von Bodenaufbauten, z. B. Estriche im Verbund oder auf Trennlage, schwimmende Estriche, Industrieböden, Fliesen- und Plattenbeläge im Mörtelbett	5	8	12	15	20
2b	**flächenfertige Oberseiten von Decken** oder Bodenplatten **für untergeordnete Zwecke**, z. B. in Lagerräumen, Kellern, monolithische Betonböden	5	8	12	15	20
3	**flächenfertige Böden**, z. B. Estriche als Nutzestriche, Estriche zur Aufnahme von Bodenbelägen, Bodenbeläge, Fliesenbeläge, gespachtelte und geklebte Beläge	2	4	10	12	15

Tabelle 2.7.3: Grenzwerte für Ebenheitsabweichungen bei Estrichen und Bodenbelägen nach DIN 18202:2013-04, Tabelle 3 (Fortsetzung nächste Seite)

	Bezug	Stichmaße als Grenzwerte in mm bei Messpunktabständen in m				
		bis 0,1	bis 1[1]	bis 4[1]	bis 10[1]	bis 15[1,2]
4	wie Zeile 3, jedoch mit <u>erhöhten Anforderungen</u>, z. B. selbstverlaufende Massen	1	3	9	12	15
5	**nicht flächenfertige Wände und Unterseiten** von Decken	5	10	15	25	30
6	**flächenfertige Wände und Unterseiten** von Decken	3	5	10	20	25
7	wie Zeile 6, jedoch mit <u>erhöhten Anforderungen</u>	2	3	8	15	20

[1] Zwischenwerte sind den Bildern 5 und 6 der DIN 18202:2013-04 zu entnehmen und auf ganze mm zu runden.

[2] Die Grenzwerte für Ebenheitsabweichungen der Spalte 6 gelten auch für Messpunktabstände über 15 m.

Tabelle 2.7.3 (Fortsetzung): Grenzwerte für Ebenheitsabweichungen bei Estrichen und Bodenbelägen nach DIN 18202:2013-04, Tabelle 3

▨ ▨ ▨ Fluchtabweichungen
nach DIN 18202:2013-04

Bezug		Stichmaße als Grenzwerte in mm bei Nennmaßen in m als Messpunktabstand				
		bis 3	über 3 bis 6	über 6 bis 15	über 15 bis 30	über 30
1	zulässige Abweichungen von der Flucht	8	12	16	20	30

Tabelle 2.7.4: Grenzwerte für Fluchtabweichungen bei Stützen nach DIN 18202:2013-04, Tabelle 4

Maßtoleranzen für Treppen
nach DIN 18065:2011-06

Abweichungen für Treppensteigung und Treppenauftritt:
Das Istmaß von Treppensteigung s und Treppenauftritt a darf innerhalb eines (fertigen) Treppenlaufes gegenüber dem Nennmaß um nicht mehr als 0,5 cm abweichen. Von einer Stufe zur jeweils benachbarten Stufe (nach oben bzw. unten) darf die Abweichung der Istmaße untereinander dabei jedoch nicht mehr als 0,5 cm betragen.

Von diesen Grenzabweichungen für den Auftritt darf im
Wendelungsbereich bei **halb- und viertelgewendelten Treppen** abgewichen werden, wenn die Verziehung der Stufen
dies erfordert und ein stetiges Stufenbild erreicht wird.

Das Istmaß der Steigung der Antrittsstufe darf bei Trep-
penläufen in **Gebäuden im Allgemeinen** höchstens 0,5 cm
(vgl. Abb. 2.7.1) und bei **Wohngebäuden mit nicht mehr
als 2 Wohnungen** höchstens 1,5 cm (vgl. Abb. 2.7.2) vom
Nennmaß abweichen. Die maximale Treppensteigung und
der kleinste Treppenauftritt müssen in jedem Fall eingehalten werden. Auf die höchstzulässige Steigung und auf den
mindestens erforderlichen Auftritt dürfen die Toleranzen
für Treppensteigung bzw. Treppenauftritt nicht angewendet
werden.

Winkelabweichungen der Treppenstufen: Die Auftrittsflächen der Stufen dürfen im eingebauten Zustand von der
waagrechten Nennlage maximal abweichen:

- an der Stufenvorderkante
  in der Treppenlaufbreite gemessen: $\pm 0,5$ %

- senkrecht zur Stufenvorderkante
  in der Auftritttiefe (im Gehbereich)
  gemessen: $\pm 1,0$ %

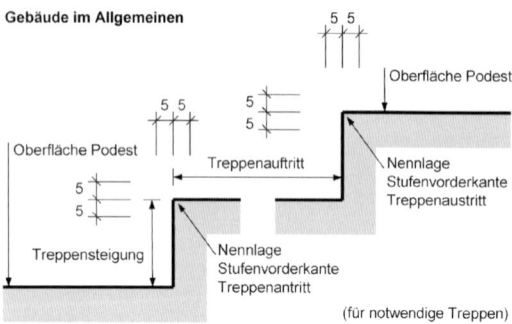

Abb. 2.7.1: Grenzabweichung (in mm) für Treppensteigung und Treppenauftritt für notwendige Treppen in Gebäuden im Allgemeinen nach DIN 18065:2011-06, Bild A.21

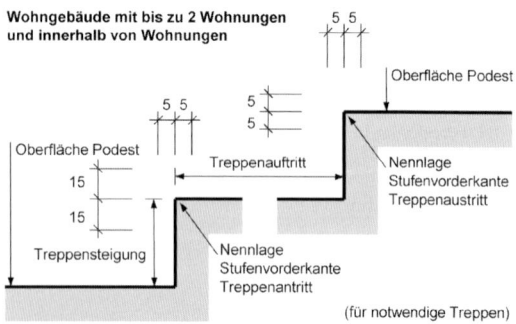

Abb. 2.7.2: Grenzabweichung (in mm) für Treppensteigung und Treppenauftritt für notwendige Treppen bei Wohngebäuden mit bis zu 2 Wohnungen und innerhalb von Wohnungen nach DIN 18065:2011-06, Bild A.22

Gegenläufige Neigungen zwischen 2 Auftritten dürfen addiert

- an der Stufenvorderkante   0,5 %

- senkrecht zur Stufenvorderkante   1,0 %

nicht überschreiten (bezogen auf das Nennmaß).

Durch Ausnutzung der Neigungstoleranzen dürfen die Toleranzen für die Treppensteigung s und den Treppenauftritt a nicht überschritten werden.

Winkelabweichungen der Zwischenpodeste: Die Auftrittsflächen der Zwischenpodeste dürfen in jede Richtung um $\pm 0,5$ %, maximal jedoch 1 cm abweichen.

Höhenversätze in Trittflächen: Trittflächen dürfen durch ihre Bauteile bedingte Höhenversätze von maximal 2 mm aufweisen.

Maßtoleranzen für Lagersysteme mit leitliniengeführten Flurförderzeugen
nach DIN 15185-1:1991-08

Der tragende **Untergrund** ist unter Berücksichtigung möglicher Setzungen so herzustellen, dass die Grenzwerte für Winkelabweichungen nach DIN 18202 nicht überschritten werden.

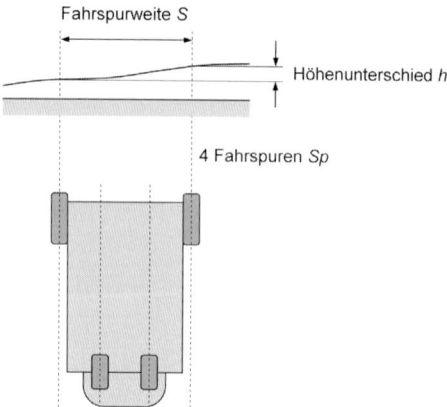

Abb. 2.7.3: Höhenunterschied *h*, Spurweite *S* und Fahrspuren *Sp* nach DIN 15185-1:1991-08, Bild 1

Grenzwerte für Bodenflächen in Schmalgängen:

- zulässiger Höhenunterschied h zwischen den
  äußeren Fahrspuren Sp bei einer Fahrspurweite S,
  quer zu den Fahrspuren (vgl. Abb. 2.7.3):
  – für eine Flurförderzeug-Hubhöhe bis 6,00 m
     mit Fahrspurweite bis 1,0 m   2,0 mm
     mit Fahrspurweite über 1,0 bis 1,5 m   2,5 mm
     mit Fahrspurweite über 1,5 bis 2,0 m   3,0 mm
     mit Fahrspurweite über 2,0 bis 2,5 m   3,5 mm

– für eine Flurförderzeug-Hubhöhe über 6,01 m

mit Fahrspurweite bis 1,0 m	2,5 mm
mit Fahrspurweite über 1,0 bis 1,5 m	3,0 mm
mit Fahrspurweite über 1,5 bis 2,0 m	3,5 mm
mit Fahrspurweite über 2,0 bis 2,5 m	4,0 mm

- **Ebenheitsabweichungen in den Fahrspuren**, in Richtung der Fahrspuren (angegeben als Stichmaß) für alle Einsatzarten:

– bei 1 m Messpunktabstand	2,0 mm
– bei 2 m Messpunktabstand	3,0 mm
– bei 3 m Messpunktabstand	4,0 mm
– bei 4 m Messpunktabstand	5,0 mm

Trittschalldämmstoffe
nach DIN 4108-10:2008-06

Anforderungen an die Maßhaltigkeit von Dämmstoffen werden nach der Normengruppe DIN EN 13162 bis DIN EN 13171 festgelegt (vgl. zu den Inhalten der Normengruppe Kapitel 6 „Wand- und Deckenbekleidungen").

Doppelböden
nach DIN EN 12825:2002-04

Grenzabmaße für Plattenabmessungen von Doppelböden:

- Kantenlänge:

– Klasse 1	± 0,2 mm
– Klasse 2	± 0,4 mm

- Rechtwinkligkeit der Platte:
  - Klasse 1   ± 0,3 mm
  - Klasse 2   ± 0,5 mm

- horizontale Geradheit der Kante:
  - Klasse 1   ± 0,3 mm
  - Klasse 2   ± 0,5 mm

- Plattenstärke ohne Belag:
  - Klasse 1   ± 0,3 mm
  - Klasse 2   ± 0,5 mm

- Plattenstärke mit Belag
  (zuzüglich Dickengrenzabmaß
  des Bodenbelags, sofern die Messung
  diesen mit einschließt):
  - Klasse 1   ± 0,3 mm
  - Klasse 2   ± 0,5 mm

- Plattenverwindung:
  - Klasse 1   0,5 mm
  - Klasse 2   0,7 mm

- vertikale Geradheit der Kante:
  - Klasse 1   0,3 mm
  - Klasse 2   0,6 mm

- Höhenunterschied zwischen
  Kantenbeschichtung und
  Plattenoberfläche:
  - Klasse 1   ± 0,3 mm
  - Klasse 2   ± 0,4 mm

Natursteinfliesen

nach DIN EN 12057:2005-01

Maßtoleranzen für **glatte Fliesen**:

- Grenzabweichung für die Nennlänge *l*
  und/oder die Nennlänge *b*:
  – unkalibrierte Fliesen   ± 1 mm
  – kalibrierte Fliesen   ± 0,5 mm

- Grenzabweichung für die Nenndicke *d*:
  – unkalibrierte Fliesen   ± 1,5 mm
  – kalibrierte Fliesen   ± 0,5 mm

- Grenzabweichung von der Ebenheit bei
  geschliffenen und polierten Oberflächen:
  – unkalibrierte Fliesen   0,15 %
  – kalibrierte Fliesen   0,10 %

- Grenzabweichung von der Rechtwinkligkeit:
  – unkalibrierte Fliesen   0,15 %
  – kalibrierte Fliesen   0,10 %

Kalibrierte Fliesen sind zur Verlegung in einem dünnen Mörtelbett oder mit Klebstoffen geeignet.

Maßtoleranzen für **Fliesen mit naturrauen bzw. spaltrauen Oberflächen**:

- Grenzabmaße für Maße, Ebenheit und Rechtwinkligkeit
  nach Angaben des Herstellers

Bodenplatten und Stufenbeläge aus Naturstein

nach DIN EN 12058:2005-01

Grenzabweichung für die Plattendicke:

- für eine Nenndicke über 12 bis 15 mm: ± 1,5 mm

- für eine Nenndicke über 15 bis 30 mm: ± 10 %

- für eine Nenndicke über 30 bis 80 mm: ± 3 mm

- für eine Nenndicke über 80 mm: ± 5 mm

Engere Grenzabweichungen können erforderlich werden, wenn die Platten durch Klebstoff oder in einem dünnen Mörtelbett zu befestigen sind.

Grenzwert für die Ebenheitsabweichung:

- bei glatten Platten: 0,2 % der Plattenlänge bzw. 3 mm
- bei naturrau gespaltenen
  Oberflächen: nach Angaben des Herstellers

Grenzabweichung für die Länge und Breite:

- für Nennmaße der
  Länge oder Breite < 600 mm:
    - und bei einer Dicke der
      Schnittkanten bis 50 mm   ± 1 mm
    - und bei einer Dicke der
      Schnittkanten über 50 mm   ± 2 mm

- für Nennmaße der
  Länge oder Breite ≥ 600 mm:
    - und bei einer Dicke der
      Schnittkanten bis 50 mm   ± 1,5 mm
    - und bei einer Dicke der
      Schnittkanten über 50 mm   ± 3 mm

Die **Grenzabweichung vom Winkel** wird durch den Boxbereich der Grenzabweichungen für die Länge und die Breite festgelegt. Winkelabweichungen einer Kante dürfen die zulässigen Grenzabweichungen für die angrenzende Kante nicht überschreiten. Jeder Winkel muss der festgelegten Geometrie entsprechen.

Werkstücke aus Betonwerkstein

nach DIN V 18500:2006-12

Grenzabmaße und Grenzwerte für Ebenheitsabweichungen
für Stufen, Stufenbeläge und sonstige Werkstücke aus Betonwerkstein:

Art des Erzeugnisses	größte Seitenlänge (Nennmaß) in mm	Grenzabmaße für Länge und Breite in mm	Grenzabmaße für die Dicke in mm	Ebenheitstoleranz als Stichmaß, bezogen auf die größte Seitenlänge in %
Stufen und Stufenbeläge	bis 1.500	± 3	± 2	0,3
	über 1.500	± 5	± 2	0,3
sonstige Werkstücke	bis 1.000	± 2	± 3	0,3
	über 1.000 bis 2.500	± 4	± 3	0,3
	über 2.500	± 5	± 3	0,3

Tabelle 2.7.5: Grenzabmaße und Grenzwerte für Ebenheitsabweichungen für Stufen, Stufenbeläge und sonstige Werkstücke aus Betonwerkstein nach DIN V 18500:2006-12, Tabelle 1

Keramische Fliesen und Platten

Ebenheitsabweichungen von Fliesen und Platten werden beschrieben durch folgende Kenngrößen:

- **Mittelpunktswölbung:** Abstand des Mittelpunktes einer Fliese oder Platte von der Ebene, in der 3 von 4 Ecken liegen; die Mittelpunktswölbung wird bezogen auf die vom Werkmaß berechnete Diagonale;

- **Kantenwölbung:** Abstand der Mitte einer Fliesen- oder Plattenkante von der Ebene, in der 3 von 4 Ecken liegen; die Kantenwölbung wird bezogen auf das entsprechende Werkmaß;

- **Windschiefe:** Abstand der vierten Ecke einer Fliese oder Platte von der Ebene, in der die 3 anderen Ecken liegen; bezogen auf die vom Werkmaß berechnete Diagonale.

Maßtoleranzen für stranggepresste keramische Fliesen und Platten:

Grenzabweichung	Präzision	Natur
Länge und Breite, vom Werkmaß	± 1,0 % bis höchstens ± 2 mm	± 2,0 % bis höchstens ± 4 mm
Länge und Breite, vom Mittelwert	± 1,0 %	± 1,5 %
Dicke	± 10 %	± 10 %

Tabelle 2.7.6: Anforderungen an stranggepresste keramische Fliesen und Platten, Gruppe AI_a und Gruppe AI_b, nach DIN EN 14411:2012-12 (Fortsetzung nächste Seite)

Grenzabweichung	Präzision	Natur
Geradheit der Seiten	± 0,5 %	± 0,6 %
Rechtwinkligkeit	± 1,0 %	± 1,0 %
Ebenheit, Mittelpunktswölbung	± 0,5 %	± 1,5 %
Ebenheit, Kantenwölbung	± 0,5 %	± 1,5 %
Ebenheit, Windschiefe	± 0,8 %	± 1,5 %

Tabelle 2.7.6 (Fortsetzung): Anforderungen an stranggepresste keramische Fliesen und Platten, Gruppe AI$_a$ und Gruppe AI$_b$, nach DIN EN 14411:2012-12

Grenzabweichung	Präzision	Natur
Länge und Breite, vom Werkmaß	± 1,25 % bis höchstens ± 2 mm	± 2,0 % bis höchstens ± 4 mm
Länge und Breite, vom Mittelwert	± 1,0 %	± 1,5 %
Dicke	± 10 %	± 10 %
Geradheit der Seiten	± 0,5 %	± 0,6 %
Rechtwinkligkeit	± 1,0 %	± 1,0 %
Ebenheit, Mittelpunktswölbung	± 0,5 %	± 1,5 %
Ebenheit, Kantenwölbung	± 0,5 %	± 1,5 %
Ebenheit, Windschiefe	± 0,8 %	± 1,5 %

Tabelle 2.7.7: Anforderungen an stranggepresste keramische Fliesen und Platten, Gruppe AII$_{a-1}$, nach DIN EN 14411:2012-12

Grenzabweichung	Präzision	Natur
Länge und Breite, vom Werkmaß	± 1,5 % bis höchstens ± 2 mm	± 2,0 % bis höchstens ± 4 mm
Länge und Breite, vom Mittelwert	± 1,5 %	± 1,5 %
Dicke	± 10 %	± 10 %
Geradheit der Seiten	± 1,0 %	± 1,0 %
Rechtwinkligkeit	± 1,0 %	± 1,0 %
Ebenheit, Mittelpunktswölbung	± 0,5 %	± 1,5 %
Ebenheit, Kantenwölbung	± 0,5 %	± 1,5 %
Ebenheit, Windschiefe	± 0,8 %	± 1,5 %

Tabelle 2.7.8: Anforderungen an stranggepresste keramische Fliesen und Platten, Gruppe AII$_{a-2}$, nach DIN EN 14411:2012-12

Grenzabweichung	Präzision	Natur
Länge und Breite, vom Werkmaß	± 2,0 % bis höchstens ± 2 mm	± 2,0 % bis höchstens ± 4 mm
Länge und Breite, vom Mittelwert	± 1,5 %	± 1,5 %
Dicke	± 10 %	± 10 %
Geradheit der Seiten	± 1,0 %	± 1,0 %
Rechtwinkligkeit	± 1,0 %	± 1,0 %

Tabelle 2.7.9: Anforderungen an stranggepresste keramische Fliesen und Platten, Gruppe AII$_{b-1}$, Gruppe AII$_{b-2}$ und Gruppe AIII, nach DIN EN 14411:2012-12 (Fortsetzung nächste Seite)

Grenzabweichung	Präzision	Natur
Ebenheit, Mittelpunktswölbung	± 1,0 %	± 1,5 %
Ebenheit, Kantenwölbung	± 1,0 %	± 1,5 %
Ebenheit, Windschiefe	± 1,5 %	± 1,5 %

Tabelle 2.7.9 (Fortsetzung): Anforderungen an stranggepresste keramische Fliesen und Platten, Gruppe AII$_{b-1}$, Gruppe AII$_{b-2}$ und Gruppe AIII, nach DIN EN 14411:2012-12

Maßtoleranzen für trocken gepresste keramische Fliesen und Platten:

Grenzabweichung	7 cm ≤ Nennmaß N < 15 cm	Nennmaß N ≥ 15 cm	
Länge und Breite, vom Werkmaß	± 0,90 mm	± 0,6 %	± 2,0 mm
Dicke	± 0,50 mm	± 5,0 %	± 0,5 mm
Geradheit der Seiten	± 0,75 mm	± 0,5 %	± 1,5 mm
Rechtwinkligkeit	± 0,75 mm	± 0,5 %	± 2,0 mm
Ebenheit, Mittelpunkts-wölbung	± 0,75 mm	± 0,5 %	± 2,0 mm
Ebenheit, Kantenwölbung	± 0,75 mm	± 0,5 %	± 2,0 mm
Ebenheit, Windschiefe	± 0,75 mm	± 0,5 %	± 2,0 mm

Tabelle 2.7.10: Anforderungen an trocken gepresste keramische Fliesen und Platten, Gruppe BI$_a$, Gruppe BI$_b$, Gruppe BII$_a$ und Gruppe BII$_b$, nach DIN EN 14411:2012-12

Grenzabweichung	7 cm ≤ Nennmaß *N* < 15 cm	Nennmaß *N* ≥ 15 cm	
Länge und Breite, vom Werkmaß	± 0,75 mm	± 0,5 %	± 2,0 mm
Dicke	± 0,50 mm	± 10 %	± 0,5 mm
Geradheit der Seiten	± 0,50 mm	± 0,3 %	± 1,5 mm
Rechtwinkligkeit	± 0,75 mm	± 0,5 %	± 2,0 mm
Ebenheit, Mittelpunkts-wölbung	+ 0,75 mm − 0,50 mm	+ 0,5 % − 0,3 %	+ 2,0 mm − 1,5 mm
Ebenheit, Kantenwölbung	+ 0,75 mm − 0,50 mm	+ 0,5 % − 0,3 %	+ 2,0 mm − 1,5 mm
Ebenheit, Windschiefe	± 0,75 mm	± 0,5 %	± 2,0 mm

Tabelle 2.7.11: Anforderungen an trocken gepresste keramische Fliesen und Platten, Gruppe BIII, nach DIN EN 14411:2012-12

Massivholz-Elemente mit Nut und/oder Feder

nach DIN EN 13226:2009-09

Bezugsholzfeuchte: 9 % (für Kastanie und Seekiefer: 10 %)

Grenzabweichungen von den Nennmaßen des Stabes:

- für die Dicke t: ± 0,2 mm
  (Für einen vom Hersteller oder nachträglich oberflächenbehandelten Stab gilt $t - 0,5$ mm; dieser Stab entspricht dann dem handelsüblichen Maß der Nenndicke t.)

- für die Länge L: ± 0,5 mm
  (Die Grenzabweichung gilt nicht für beliebige Längen; die Grenzabweichungen zum „ungarischen" oder „regelmäßigen Verband" betragen ± 0,2 mm.)

- für die Breite b: ± 0,5 mm

- für die Tiefe der Nut b_1:   + 0,3/- 0 mm
  (mit $[b_1 - b_2] \geq 1$ mm)

- für die Breite der Feder: + 0/- 0,3 mm
  (mit $[b_1 - b_2] \geq 1$ mm; der horizontale Anteil der Feder kann auf 2,5 mm für $b < 70$ mm sowie 3 mm für $b \geq 70$ mm sinken; dies ist jedoch auf 10 % der Länge jedes Stabes beschränkt)

- für die Breite der Nut t_2 und
  die Dicke der Feder t_3: $0,1$ mm $\leq t_2 - t_3 \leq 0,4$ mm

Rechtwinkligkeit und andere Winkelabweichungen:

- Grenzwert für die Winkelabweichung: 0,2 % über die Breite gemessen

Grenzwert für die Querkrümmung:

- bei Erstauslieferung: 0,5 % der Breite

Grenzwert für die Längskrümmung der Breitseite bei Erstauslieferung:

- für zu verklebende Stäbe: 0,5 % der Länge
- für zu vernagelnde Stäbe: Bestimmung in Abhängigkeit von der Verlegbarkeit der Stäbe bei üblicher Ausrüstung

Grenzwert für die Längskrümmung der Schmalseite bei Erstauslieferung:

- für Längen bis 1 m: 0,5 ‰ der Länge
- für Längen über 1 m: 1 ‰ der Länge
- für zu verklebende Stäbe: 0,5 % der Länge
- für zu vernagelnde Stäbe: Bestimmung in Abhängigkeit von der Verlegbarkeit der Stäbe bei üblicher Ausrüstung

Mosaikparkettelemente

nach DIN EN 13488:2003-05

Bezugsholzfeuchte: 9 % (für Kastanie und Seekiefer: 10 %)

Grenzabweichungen bei Mosaikparkettelementen:

- Mosaikparkettlamelle mit Oberflächenbehandlung:
  - Grenzabweichung für die Dicke: ± 0,3 mm
  - Grenzabweichung für die Breite: ± 0,1 mm
  - Grenzabweichung für die Länge: ± 0,2 mm

- Mosaikparketttafel ohne Oberflächenbehandlung:
  - Grenzabweichung für die Länge
    und Breite: + 0,30/–0,15 %

- Mosaikparketttafel mit Oberflächenbehandlung:
  - Grenzabweichung für die Länge und Breite: ± 0,1 %
  - Grenzabweichung für die Rechtwinkligkeit,
    gemessen über die Breite: ± 0,2 %

Mehrschichtparkettelemente

nach DIN EN 13489:2003-05

Bezugsholzfeuchte: 7 %

Mehrschichtparkettelemente Typ 1:

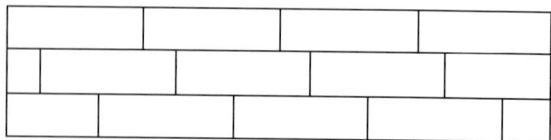

Abb. 2.7.4: Mehrschichtparkettelemente Typ 1 nach DIN EN 13489:
2003-05, Bild 1

- Grenzabweichung für die Länge: (keine Angabe)

- Grenzabweichung für die Breite: ± 0,2 mm

- Grenzwert für den Überzahn zwischen
  den Elementen: 0,2 mm

- Grenzwert für die Abweichung von
  der Rechtwinkligkeit: 0,2 % über die Breite

- Grenzwert für die Querkrümmung: 0,2 % über die Breite

- Grenzwert für die Längskrümmung: 0,1 % über die Länge

Mehrschichtparkettelemente Typ 2:

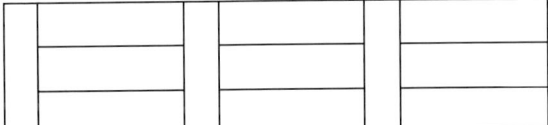

Abb. 2.7.5: Mehrschichtparkettelemente Typ 2 nach DIN EN 13489: 2003-05, Bild 2

- Grenzabweichung für die Länge: ± 0,1 %

- Grenzabweichung für die Breite: ± 0,2 mm

- Grenzwert für den Überzahn zwischen
  den Elementen: 0,2 mm

- Grenzwert für die Abweichung von
  der Rechtwinkligkeit: 0,2 % über die Breite

- Grenzwert für die Querkrümmung: 0,2 % über die Breite

- Grenzwert für die Längskrümmung: 0,1 % über die Länge

Mehrschichtparkettelemente Typ 3:

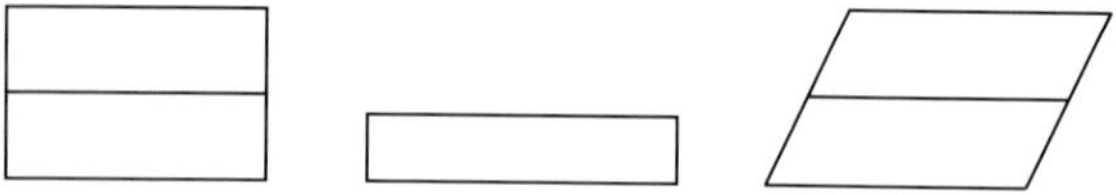

Abb. 2.7.6: Mehrschichtparkettelemente Typ 3 nach DIN EN 13489: 2003-05, Bild 3

- Grenzabweichung für die Länge: ± 0,1 %

- Grenzabweichung für die Breite: ± 0,2 mm

- Grenzwert für den Überzahn zwischen
  den Elementen: 0,2 mm

- Grenzwert für die Abweichung von
  der Rechtwinkligkeit: 0,1 % über die Breite

- Grenzwert für die Querkrümmung: 0,3 % über die Breite

- Grenzwert für die Längskrümmung: 0,1 % über die Länge

Mehrschichtparkettelemente Typ 4:

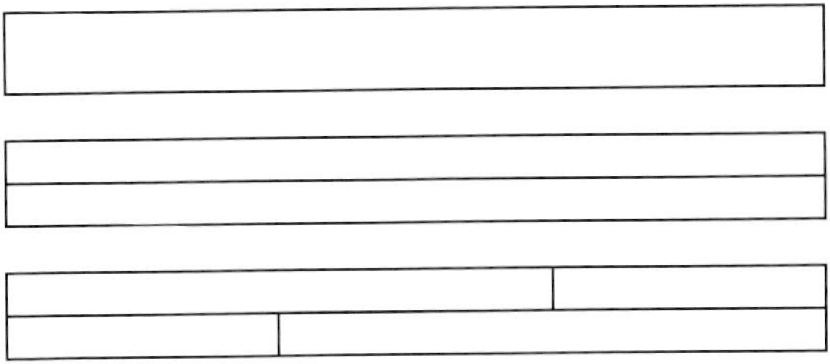

Abb. 2.7.7: Mehrschichtparkettelemente Typ 4 nach DIN EN 13489: 2003-05, Bild 4

- Grenzabweichung für die Länge: (keine Angabe)

- Grenzabweichung für die Breite: ± 0,2 mm

- Grenzwert für den Überzahn zwischen
  den Elementen: 0,2 mm

- Grenzwert für die Abweichung von
  der Rechtwinkligkeit: 0,2 % über die Breite

- Grenzwert für die Querkrümmung: 0,2 % über die Breite

- Grenzwert für die Längskrümmung: 0,1 % über die Länge

Estricharbeiten
nach VOB/C ATV DIN 18353:2012-09

Abweichungen von vorgeschriebenen Maßen sind in den durch DIN 18202 bestimmten Grenzen zulässig. Unebenheiten in den Oberflächen, die bei Streiflicht sichtbar werden, sind zulässig, wenn diese innerhalb der Toleranzen nach DIN 18202 liegen. Werden an die Ebenheit **erhöhte Anforderungen** gemäß DIN 18202, Tabelle 3, Zeile 4 (vgl. Teil 1: Tabelle 1.5.3), gestellt, so sind die zu treffenden Maßnahmen Besondere Leistungen. Werden höhere Anforderungen als nach den Grenzabweichungen und Grenzwerten für Winkelabweichungen in DIN 18202 festgelegt, so sind die hierfür zu treffenden Maßnahmen ebenfalls Besondere Leistungen.

Doppelböden in Trockenbauweise
nach VOB/C ATV DIN 18340:2012-09

Abweichungen von vorgeschriebenen Maßen sind in den durch DIN 18202 bestimmten Grenzen zulässig. Unebenheiten in den Oberflächen von Bauteilen, die bei Streiflicht sichtbar werden, sind zulässig, wenn diese innerhalb der Toleranzen nach DIN 18202 liegen. Maßnahmen zur Einhaltung **erhöhter Ebenheitsanforderungen** an Bauteiloberflächen gemäß DIN 18202, Tabelle 3, sind Besondere Leistungen.

Die **Spaltenbreite** im Kantenbereich von Doppelbodenplatten darf einen Wert von 2 mm nicht überschreiten. Der **horizontale Versatz** am Kreuzungspunkt der Plattenecken zueinander darf einen Wert von 4 mm nicht überschreiten.

Passungen an den Kanten von Doppelbodenelementen sind höhengleich zu justieren. **Höhenversätze** in der Größenordnung bis ca. 1 mm lassen sich auch bei sorgfältiger Ausführung von Doppelböden in der Praxis nicht sicher vermeiden.

Hohlböden

nach DIN EN 13213:2001-12

Grenzwerte für die Abweichung von der ebenen Fläche, bezogen auf einen Abstand zwischen 2 Punkten, mit:

- Abstand von 0,1 bis 1 m: 2 mm

- Abstand über 1 bis 4 m: 4 mm

- Abstand über 4 m: 10 mm

Grenzwerte für die Abweichung von der 0°-Ebene, bezogen auf den Abstand zwischen zwei Punkten, mit:

- Abstand über 1 bis 3 m: 8 mm

- Abstand über 3 bis 6 m: 12 mm

- Abstand über 6 bis 15 m: 16 mm

- Abstand über 15 bis 30 m: 18 mm

- Abstand über 30 m: 20 mm

Gussasphaltarbeiten

nach VOB/V ATV DIN 18354:2012-09

Abweichungen von vorgeschriebenen Maßen sind in den durch DIN 18202 bestimmten Grenzen zulässig. Bei Streiflicht sichtbar werdende Unebenheiten in den Oberflächen sind zulässig, wenn diese die Grenzwerte nach DIN 18202 nicht überschreiten. Werden an die Ebenheit **erhöhte Anforderungen** nach DIN 18202, Tabelle 3, Zeile 4, oder sonstige erhöhte Anforderungen an die Maßhaltigkeit gegenüber den in DIN 18202 enthaltenen Werten gestellt, so sind die zu treffenden Maßnahmen Besondere Leistungen. Gussasphaltestriche und
-beläge sind waagrecht herzustellen.

Ebenheitsabweichungen bei Gussasphaltestrichen und -belägen, die auf geneigten Flächen herzustellen sind, sind mit folgenden Grenzwerten für die Unebenheiten der Oberfläche innerhalb einer Messstrecke von 4 m zulässig:

- bei Neigungen bis 5 %:   1,0 cm

- bei Neigungen über 5 bis 10 %:   1,5 cm

- bei Neigungen über 10 %:   2,0 cm

Die Forderung von Unebenheiten bis maximal 1 cm innerhalb einer 4 m langen Messstrecke entspricht dem zulässigen Stichmaß von 10 mm (bei Messpunktabstand 4 m) für flächenfertige Böden nach DIN 18202, Tabelle 3.

Naturwerksteinarbeiten
nach VOB/C ATV DIN 18332:2012-09

Abweichungen von den vorgeschriebenen Maßen sind in den durch DIN 18202 bestimmten Grenzen zulässig.

Grenzabmaße für Platten und Werkstücke
für die **Dicke:**

- bis zu einer Dicke von 30 mm: ± 10,0 %

- bei einer Dicke von mehr als 30 mm: ± 3,0 mm

- bei einer Dicke von mehr als 80 mm: ± 5,0 mm

- bei zusammengesetzten Platten
  die sichtbare Dicke am Stoß: ± 0,5 mm

- bei zusammengesetzten Werkstücken
  die sichtbare Dicke am Stoß: 1,0 mm

für die **Länge:**

- bei einer Länge bis zu 60 cm: ± 1,0 mm

- bei einer Länge von mehr als 60 cm: ± 2,0 mm

- bei einer Dicke von mehr als 80 mm: ± 5,0 mm

für den **Winkel:**

- bei einem vorgegebenen Winkel,
  bezogen auf die Kantenlänge: 0,2 %

  bis zu max. 2,0 mm

Die angegebenen Grenzabmaße gelten nicht für gespaltene oder handbekantete Platten und Werkstücke.

Ebenheitsabweichungen von Platten mit geschliffener oder polierter Oberfläche dürfen nicht größer als 0,2 % der größten Plattenlänge sein, maximal jedoch 2 mm. Diese Anforderung gilt nicht für bruchraue oder gespaltene Oberflächen.

Winkelabweichungen: Platten und Werkstücke aus Naturwerkstein sind fluchtrecht und waagrecht oder mit dem erforderlichen Gefälle unter Berücksichtigung des angegebenen Höhenbezugspunktes zu versetzen oder zu verlegen. Für die gesamte Belagfläche gelten die Grenzwerte für Winkelabweichungen nach DIN 18202, Tabelle 2 (vgl. Teil 1, Tabelle 1.5.2).

Ebenheitsabweichungen sind in den Grenzen der DIN 18202, Tabelle 3 (vgl. Teil 1, Tabelle 1.5.3) zulässig. Werden an die Ebenheit von Flächen erhöhte Anforderungen gestellt, d. h. die Ebenheitsabweichungen nach DIN 18202, Tabelle 3, Zeile 4 oder 7, gefordert, so sind die zu treffenden Maßnahmen Besondere Leistungen und gesondert zu vereinbaren. Die bei **Bauprodukten** für die Ebenheit zulässigen Abweichungen sind in den Grenzwerten für Ebenheitsabweichungen nach DIN 18202 nicht enthalten und daher zusätzlich zu berücksichtigen.

Die Grenzwerte für Ebenheitsabweichungen nach DIN 18202, Tabelle 3, stellen insbesondere bei kurzen Messpunktabständen und bei geschliffenen oder polierten Oberflächen ein Maß dar, das im Einzelfall optisch stark auffällig sein kann. Die Einhaltung der Grenzwerte für Ebenheitsabweichungen garantiert deshalb nicht in jedem Fall ein einwandfreies Erscheinungsbild. Ein geringeres Toleranzmaß als in DIN 18202 angegeben ist unter dem Aspekt des **optischen**

Erscheinungsbildes geboten und nach baupraktischer Erfahrung von dem Ausführenden im Regelfall auch zu erwarten.

Fugen sind gleichmäßig breit anzulegen. Die Abmaße der Platten und der Werkstücke sind in den Fugen auszugleichen.

Fugenbreiten bei Naturwerksteinplatten mit mineralischen Mörtelfugen:

- bei Kantenlängen bis 60 cm: etwa 3 mm
- bei Kantenlängen über 60 cm: etwa 5 mm
- massive Werkstücke: mind. 10 mm

Höhenversätze bei Belägen aus Naturwerkstein: Nach baupraktischer Erfahrung werden Höhenversätze von ca. 1 mm nutzerseitig bereits wahrgenommen, Höhenversätze von ca. 1,5 mm werden häufig bereits als störend empfunden. Bei noch größeren Höhenversätzen von ca. 2 mm und mehr wird nutzerseitig bereits eine deutliche Beeinträchtigung wahrgenommen (Stolpergefahr). Bei einer durchschnittlichen Ausführungsqualität bleiben Höhenversätze zwischen benachbarten Platten in der Regel auf ein Maß von ca. 0,5 bis ca. 1 mm begrenzt.

Nach Meinung des Verfassers stellt ein Toleranzmaß von ca. 1 bis 1,5 mm für den Höhenversatz benachbarter Platten mit geschliffener oder polierter Oberfläche ein Maß dar, das einerseits baupraktisch bei handwerklich sorgfältiger Arbeit eingehalten werden kann und andererseits auch nutzerseitig noch akzeptiert wird.

Betonwerksteinarbeiten

nach VOB/C ATV DIN 18333:2012-09

Fugen zwischen den Platten und Werkstücken aus Betonwerkstein sind gleichmäßig breit anzulegen. Maßabweichungen der Werkstücke sind in den Fugen auszugleichen.

Fugenbreiten:

- bei Kantenlängen bis 60 cm: 3 mm
- bei Kantenlängen über 60 cm: 5 mm

Bei Betonwerksteinplatten ohne Mörtelbett, z. B. auf Stelzlagern, sind die Fugen mit einer Breite von 5 mm anzulegen.

Winkelabweichungen: Bodenplatten sind flucht- und waagrecht bzw. mit dem vorgegebenen Gefälle unter Berücksichtigung des angegebenen Höhenbezugspunktes zu verlegen. Für die Winkelabweichungen von der Nennlage gelten die Grenzwerte nach DIN 18202, Tabelle 2 (vgl. Teil 1, Tabelle 1.5.2).

Ebenheitsabweichungen sind in den durch DIN 18202 bestimmten Grenzen zulässig. Unebenheiten in den Oberflächen von Bauteilen, die bei Streiflicht sichtbar werden, sind zulässig, wenn sie innerhalb der Maßtoleranzen nach DIN 18202 liegen. Die für die Bauteile aus Betonwerkstein zulässigen Ebenheitsabweichungen sind in den Grenzwerten für Ebenheitsabweichungen nach DIN 18202, Tabelle 3 (vgl. Teil 1, Tabelle 1.5.3) nicht enthalten und zusätzlich zu berücksichtigen.

Höhenversätze benachbarter Platten sind bei Belägen aus Betonwerkstein zulässig wie folgt:

- in Innenräumen:
  - bei Platten bis 0,25 m² ⟶ 1,5 mm
  - bei Platten über 0,25 bis 0,5 m² ⟶ 2 mm
  - bei Platten über 0,5 m² ⟶ nach Vereinbarung

- in bewitterten Bereichen:
  - bei Platten bis 0,25 m² ⟶ 2 mm
  - bei Platten über 0,25 m² ⟶ nach Vereinbarung
  - bei grob bearbeiteten Platten ⟶ 5 mm

Fliesen- und Plattenarbeiten
nach VOB/C ATV DIN 18352:2012-09

Abweichungen von vorgeschriebenen Maßen sind in den durch DIN 18202 bestimmten Grenzen zulässig.

Grenzwerte für **Maßabweichungen** vom Nennmaß:

- bei gesägten Natursteinfliesen bis 12 mm Dicke:
  - für die Länge, Breite und Dicke ⟶ ± 0,5 mm

- bei gesägten Natursteinplatten ab 12 mm Dicke
  und bis 60 cm Kantenlänge:
  - für die Länge und für die Breite ⟶ ± 1 mm
  - für die Dicke ⟶ ± 1,5 mm

Winkelabweichungen: Fliesen, Platten und Mosaik sind fluchtrecht und waagrecht oder mit dem angegebenen Gefälle unter Berücksichtigung des angegebenen Höhenbezugspunk-

tes anzusetzen oder zu verlegen. Für die Abweichungen von
der Bezugsebene gelten die Grenzwerte für Winkelabweichungen nach DIN 18202.

Ebenheitsabweichungen: Die bei Bauprodukten für die
Ebenheit zulässigen Abweichungen sind in den Ebenheitstoleranzen gemäß DIN 18202 nicht enthalten und zusätzlich zu
berücksichtigen.

Fugen von Fliesen- und Plattenarbeiten sind gleichmäßig
breit anzulegen. Maßtoleranzen der Belagstoffe sind in den
Fugen auszugleichen. Für die Fugenbreite gelten folgende
Werte:

- trocken gepresste keramische Fliesen und Platten:
  - bis zu einer Seitenlänge von 10 cm   1 bis 3 mm
  - mit einer Seitenlänge über 10 cm   2 bis 8 mm
- stranggepresste keramische Fließen und Platten:
  - mit Kantenlängen bis 30 cm   4 bis 10 mm
  - mit Kantenlängen über 30 cm   mind. 10 mm
- Bodenklinkerplatten nach
  DIN 18158:1986-09:   8 bis 15 mm
- Sollnhofener Platten, Natursteinfliesen: 2 bis 3 mm
- Naturstein- oder Glasmosaik sowie
  Natursteinriemchen: 1 bis 3 mm

Höhenversätze benachbarter Fliesen und Platten: Für die
Beurteilung von Stoßstellen benachbarter Fliesen und Platten

können nach baupraktischer Erfahrung folgende Vorschläge
gegeben werden:

- bei Fliesen und Platten mit geschliffener oder polierter
  Oberfläche oder vergleichbarer Glasuroberfläche: ca. 1,0 bis
  1,5 mm als Toleranzmaß für Höhenversätze

- bei Fliesen und Platten mit nicht gleichmäßig egalisierter
  Oberfläche (z. B. rustikalen Fliesen mit herstellungsbedingt
  unebener Oberfläche): Ebenheitsdifferenzen der Fliesen-/
  Plattenoberfläche zuzüglich ca. 1,5 mm als Gesamttoleranzmaß für Höhenversätze

Die vorgenannten Toleranzwerte für Höhenversätze können
jedoch nur dann angewendet werden, wenn das Gesamt-
erscheinungsbild der geschlossenen Belagfläche durch die
Ausnutzung dieser Toleranzwerte nicht nachteilig beein-
trächtigt wird. In optischer Hinsicht können auch höhere
Anforderungen an Höhenversätze benachbarter Fliesen und
Platten notwendig sein. Hierfür sind im Einzelfall gesonderte
Festlegungen zu treffen.

In dem Merkblatt „Höhendifferenzen" des ZDB (vgl. ZDB,
Oktober 2005) wird die handwerkliche Verlegetoleranz von
Bekleidungen und Belägen aus keramischen Fliesen und Plat-
ten hinsichtlich eines höhengleichen Übergangs zu angren-
zenden Fliesen oder Platten mit 1,0 mm angegeben. Zu dieser
Verlegetoleranz sind materialbedingte Maßabweichungen der
Belagstoffe wie folgt zu addieren:

max. zulässiger Höhenversatz
= (Länge in mm + Breite in mm)/1.000 + 1 mm

Parkettarbeiten

nach VOB ATV DIN 18356:2012-10

Abweichungen von vorgeschriebenen Maßen sind in den durch DIN 18202 bestimmten Grenzen zulässig. Unebenheiten in den Oberflächen von Bauteilen, die bei Streiflicht sichtbar werden, sind zulässig, wenn die Toleranzen von DIN 18202 eingehalten sind. Werden an die Ebenheit von Flächen **erhöhte Anforderungen** nach DIN 18202 gestellt, so sind die zu treffenden Maßnahmen Besondere Leistungen.

Parkettstäbe mit unterschiedlichen Maßen: Nebeneinanderliegende Stäbe dürfen in der Länge nicht mehr als 50 mm und in der Breite nicht mehr als 10 mm voneinander abweichen. In einer Parkettfläche bis zu 30 m^2 dürfen Stäbe in höchstens 3 unterschiedlichen Maßen verwendet werden.

Höhenversätze: Parkettbeläge mit örtlicher Versiegelung der Parketthölzer nach dem Einbau können frei von Höhenversätzen an den Stoßstellen hergestellt werden. Bei Mehrschichtparkettelementen nach DIN EN 13489:2003-05 ist der zulässige Überzahn zwischen 2 Elementen auf maximal 0,2 mm begrenzt.

Holzpflasterarbeiten

nach VOB/C ATV DIN 18367:2012-09

Abweichungen von vorgeschriebenen Maßen sind in den durch DIN 18202 bestimmten Grenzen zulässig. Unebenheiten in den Oberflächen von Belägen, die bei Streiflicht sichtbar werden, sind zulässig, wenn die Maßtoleranzen nach DIN 18202 eingehalten worden sind. Werden an die Ebenheit von Flächen **erhöhte Anforderungen** nach DIN 18202 gestellt, so sind die zu treffenden Maßnahmen Besondere Leistungen.

Bodenbelagsarbeiten

nach VOB/C ATV DIN 18365:2012-09

Abweichungen von vorgeschriebenen Maßen sind in den durch DIN 18202 bestimmten Grenzen zulässig. Unebenheiten in den Oberflächen von Bauteilen, die bei Streiflicht sichtbar werden, sind zulässig, wenn die Maßtoleranzen nach DIN 18202 eingehalten worden sind.

8   Fenster und Türen

Maßabweichungen
nach DIN 18202:2013-04

	Bezug	Grenzabweichungen in mm bei Nennmaßen in m					
		bis 1	über 1 bis 3	über 3 bis 6	über 6 bis 15	über 15 bis 30	über 30
1	Maße im Grundriss	± 10	± 12	± 16	± 20	± 24	± 30
2	Maße im Aufriss	± 10	± 16	± 16	± 20	± 30	± 30
3	lichte Maße im Grundriss	± 12	± 16	± 20	± 24	± 30	
4	lichte Maße im Aufriss	± 16	± 20	± 20	± 30		
5	Öffnungen	± 10	± 12	± 16			
6	Öffnungen, oberflächenfertige Leibungen	± 8	± 10	± 12			

Tabelle 2.8.1: Grenzabweichungen für Bauwerksmaße nach DIN 18202: 2013-04, Tabelle 1

Winkelabweichungen
nach DIN 18202:2013-04

Bezug	Stichmaße als Grenzwerte in mm bei Nennmaßen in m						
	bis 0,5	über 0,5 bis 1	über 1 bis 3	über 3 bis 6	über 6 bis 15	über 15 bis 30	über 30
1	**alle Flächen**	3	6	8	12	16	20	30

Tabelle 2.8.2: Grenzwerte für Winkelabweichungen nach DIN 18202: 2013-04, Tabelle 2

〰〰 Ebenheitsabweichungen
nach DIN 18202:2013-04

	Bezug	Stichmaße als Grenzwerte in mm bei Messpunktabständen in m				
		bis 0,1	bis 1[1]	bis 4[1]	bis 10[1]	bis 15[1, 2]
1	**nicht flächenfertige Oberseiten von Decken** und Böden	10	15	20	25	30
2a	wie Zeile 1, jedoch zur Aufnahme von Bodenaufbauten	5	8	12	15	20
2b	**flächenfertige Oberseite von Decken** und Bodenplatten, **für untergeordnete Zwecke**	5	8	12	15	20
3	**flächenfertige Böden**	2	4	10	12	15
4	wie Zeile 3, jedoch mit erhöhten Anforderungen	1	3	9	12	15
5	**nicht flächenfertige Wände und Unterseiten** von Decken	5	10	15	25	30
6	**flächenfertige Wände und Unterseiten** von Decken	3	5	10	20	25
7	wie Zeile 6, jedoch mit erhöhten Anforderungen	2	3	8	15	20

[1] Zwischenwerte sind den Bildern 5 und 6 der DIN 18202:2013-04 zu entnehmen und auf ganze mm zu runden.

[2] Die Grenzwerte für Ebenheitsabweichungen der Spalte 6 gelten auch für Messpunktabstände über 15 m.

Tabelle 2.8.3: Grenzwerte für Ebenheitsabweichungen nach DIN 18202: 2013-04, Tabelle 3

⊠ ⊠ ⊠ **Fluchtabweichungen**

nach DIN 18202:2013-04

Bezug	Stichmaße als Grenzwerte in mm				
	bei Nennmaßen in m als Messpunktabstand				
	bis 3	über 3 bis 6	über 6 bis 15	über 15 bis 30	über 30
1 zulässige Abweichungen von der Flucht	8	12	16	20	30

Tabelle 2.8.4: Grenzwerte für Fluchtabweichungen bei Stützen nach DIN 18202:2013-04, Tabelle 4

Maßtoleranzen für Türöffnungen

nach DIN 18100:1983-10

- Baurichtmaß + 10 mm = Nennmaß
  der Wandöffnungsbreite

- Baurichtmaß + 5 mm = Nennmaß
  der Wandöffnungshöhe

- zulässiges Mindestmaß
  (Kleinstmaß) = Baurichtmaß
  bzw. Nennmaß – 10 mm
  für die Wandöffnungsbreite
  bzw. Nennmaß – 5 mm
  für die Wandöffnungshöhe

- zulässiges Höchstmaß
  (Größtmaß)

  $= $ Baurichtmaß $+ 20$ mm
  für die Wandöffnungsbreite
  bzw. Nennmaß $+ 10$ mm

  $= $ Baurichtmaß $+ 15$ mm
  für die Wandöffnungshöhe
  bzw. Nennmaß $+ 10$ mm

Luftspalt zwischen Türblatt und Bodenfläche

Für den **unteren Luftspalt** wird in den Erläuterungen zur
DIN 18101:1985-01 ein rechnerisches Nennmaß von 7 mm
angegeben und auf die Nennlage OFF (Oberkante fertiger
Fußboden) bezogen. Die Toleranz für den unteren Luftspalt
beträgt ausgehend von einem mittleren Wert von 7 mm
$+ 2/- 6,5$ mm. Bei der Maßüberprüfung im fertig eingebauten
Zustand ist zusätzlich die Abweichung der fertigen Oberfläche des Fußbodens von der Nennlage OFF zu berücksichtigen.

In der Praxis sollen die Zargen und Türblätter beim Einbau
so nach dem Fußboden ausgerichtet werden, dass ein unterer
Luftspalt von ca. 4 bis 10 mm verbleibt.

Passung zwischen Türzarge und Wandoberfläche

Die Türzarge ist zur Sicherstellung einer einwandfreien
Funktion des Türblattes lotrecht einzubauen. Als Maß für die
baupraktische Toleranz für die Abweichung vom Lot kann
ein Wert von ca. 1 mm/m als Ablesegenauigkeit für die Wasserwaage angenommen werden. Die Wandoberfläche kann
innerhalb der Grenzwerte für Winkelabweichungen bzw.
für Ebenheitsabweichung bis ca. 7 mm von der Vertikalen
abweichen. Der Anschlussspalt ist als Schnittstelle gesondert
zu bemessen.

Türblätter aus Holz und Holzwerkstoffen im Innenausbau
nach DIN 68706-1:2002-02

Grenzwerte für Maßabweichungen bei gefälzten und unge-
fälzten Türblättern für einflüglige Türen im Innenausbau aus
Holz und Holzwerkstoffen:

- für Ausschnittmaße: $+1/-2$ mm

- für die Ausschnitthöhe h: $+1/-2$ mm

- für die Dicke: 0,5 mm

- für die Abweichung
  von der Nenndicke: $+2/-1$ mm

- für die Abweichung
  von der Rechtwinkligkeit: 1 mm auf 500 mm
                                     Messlänge

Türblätter aus Holz und Holzwerkstoffen im Innenbereich (Wohnungseingangstüren, Innentüren)

nach RAL-RG 426 Teil I (vgl. RAL, 2002)

Grenzwerte für Maßabweichungen der Türblätter:

- für die Breite: Nennmaß ± 1,0 mm

- für die Höhe: Nennmaß ± 1,0 mm

- für die Dicke: Nennmaß ± 1,0 mm
                                     als Mittelwert aus
                                     6 Messungen an
                                     einem Türblatt; die 6
                                     Messwerte dürfen um
                                     ± 0,5 mm um den Mit-
                                     telwert schwanken

- für die Rechtwinkligkeit: 1,0 mm bezogen auf
                                     500 mm Schenkellänge

Die maximal zulässige Verwindung oder Durchbiegung bei Differenzklimabeanspruchung beträgt als Mittelwert aus 3 Türblättern 4,0 mm, wobei kein Einzelwert 5,5 mm überschreiten darf.

Türblätter aus Holz und Holzwerkstoffen im Außenbereich

nach Müller, 2002

Zulässige Verformung bei der Differenzklimaprüfung entlang der Längskante, angegeben als Stichmaß, bezogen auf die Gesamtlänge des Türblattes:

- bei Haustüren: max. 4 mm

- für Laubengangtüren: max. 2 mm

Bei Außentüren mit Anforderungen an den Wärme- und Schallschutz muss das Türblatt auch bei Ausnutzung der zulässigen Verformungen noch dicht an der Falzdichtung anliegen.

Türzargen aus Holz und Holzwerkstoffen

nach RAL-RG 426 Teil II (vgl. RAL, 2002)

Grenzwerte für Maßabweichungen:

- lichte Zargenbreite im Falz: ± 1 mm

- lichte Zargenhöhe im Falz: $+0/-2$ mm

- Falztiefe bei gedrücktem
  Dämpfungsprofil: $24 \pm 0,5$ mm

- obere Bandbezugslinie: ± 1 mm

- Abstand zwischen den
  Bandbezugslinien: $\pm 0,5$ mm

- Vorderkante Falzbekleidung
  bis zur Riegel- oder
  Falzaussparung: $4 \pm 0,3$ mm

- obere Bezugskante bis
  Unterkante Fallenloch: ± 3 mm

Die Durchbiegung nicht montierter Zargenteile (Abweichung von der Bezugsgeraden auf der Falzbekleidung) darf mit einer Futterbreite von mehr als 125 mm eine Grenzabweichung von 2,5 mm nicht überschreiten.

Türzargen aus Stahl

nach DIN 18111-1:2004-08, DIN 18111-2:2004-08,
DIN 18111-3:2005-01

Grenzabweichung	DIN 18111-1 (Mauerwerk)	DIN 18111-2 (Ständerwerk)	DIN 18111-3 (Sonderzargen)
Zargenfalzmaß in der Breite	± 1 mm	± 1 mm	± 1,5 mm
Zargenfalzmaß in der Höhe	+ 0/– 2 mm	+ 0/– 2 mm	+ 1/– 2 mm
Fußbodeneinstand	± 2 mm		± 1 mm
Drückerhöhe	± 2 mm	± 2 mm	± 2 mm
Meterrissmarkierung	± 1 mm	± 1 mm	± 1 mm
Falzbreite	± 0,5 mm	± 0,5 mm	± 0,5 mm
Falztiefe	± 0,5 mm	± 0,5 mm	± 0,5 mm
Maulweite	+ 3/– 0 mm	+ 3/– 0 mm	+ 3/– 0 mm
Spiegelbreite			± 2 mm
Ebenheit der Zargenleibung	0,01 × Leibungstiefe	0,01 × Leibungstiefe	0,01 × Leibungstiefe

Tabelle 2.8.5: Maßtoleranzen für Türzargen aus Stahl nach DIN 18111-1:
2004-08, DIN 18111-2:2004-08 und DIN 18111-3:2005-01 (Fortsetzung nächste
Seite)

Grenzabweichung	DIN 18111-1 (Mauerwerk)	DIN 18111-2 (Ständerwerk)	DIN 18111-3 (Sonderzargen)
Abweichung von der Geradheit in Richtung A	$0,002 \times L$ (Profillänge)	$0,002 \times L$ (Profillänge)	$0,002 \times L$ (Profillänge)
Abweichung von der Geradheit in Richtung B	$0,00125 \times L$ (Profillänge)	$0,00125 \times L$ (Profillänge)	$0,00125 \times L$ (Profillänge)
Winkel zwischen Spiegel und Zargenleibung	$\pm 2°$	$\pm 2°$	$\pm 2°$
Winkel zwischen Spiegel und Maulweitenkante	$\pm 2°$	$\pm 2°$	$\pm 2°$

Tabelle 2.8.5 (Fortsetzung): Maßtoleranzen für Türzargen aus Stahl nach DIN 18111-1:2004-08, DIN 18111-2:2004-08 und DIN 18111-3:2005-01

Einbau von Standardzargen aus Stahl in Mauerwerkswänden

nach DIN 18111-4:2004-08

Die Stahlzarge ist **vor dem Einbau** auf **Rechtwinkligkeit** zu prüfen. Falls die Rechtwinkligkeit nicht mehr vorhanden ist, muss durch vorsichtiges Aufstoßen des rechten oder linken

Seitenteils über Eck nachgerichtet werden. Die Stahlzarge ist in der Höhe nach dem Meterriss, ansonsten lot- und waagrecht auszurichten. Die **Abweichung von der waagrechten und vertikalen Solllage** darf maximal 1 mm pro Meter betragen. Die Ausnutzung der zulässigen Abweichungen dürfen sich jedoch nicht negativ auf die Funktion des Elementes auswirken.

Die werkmäßig vorgespannte, leicht nach innen gewölbte Stahlzarge ist so auszuspreizen, dass das Zargenfalzmaß auf der gesamten Höhe eingehalten wird.

Im eingebauten Zustand der Zarge wird das **Falzmaß** 50 mm unterhalb der waagrecht liegenden Falzkante sowie in der Mitte und im Bereich der Bodeneinstandsmarkierung gemessen. Die zulässige Abweichung von den Nennmaßen beträgt + 2/– 1 mm (im eingebauten Zustand). Das Falzmaß wird zudem in der Höhe an den senkrechten Profilen geprüft. Die zulässigen Grenzabweichungen für den Abstand zwischen Bodenbezugspunkt (OFF) und Meterriss betragen ± 2 mm.

Bei der **Prüfung der Höhenlage** ist entweder der Abstand zwischen Meterriss Stahlzarge zu OFF Baukörper oder der Abstand zwischen Meterriss Baukörper zu Bodeneinstandsmarkierung Stahlzarge zu messen. Es können auch beide Meterrisse verglichen werden, wenn eine millimetergenaue Prüfung möglich ist.

Einbau von Standardzargen aus Stahl in Ständerwerkswänden
nach DIN 18111-4:2004-08

Die Stahlzarge ist **vor dem Einbau** auf **Rechtwinkligkeit** zu prüfen. Falls erforderlich, muss die Zarge hinsichtlich der Rechtwinkligkeit nachgerichtet werden. Die Stahlzarge ist bei dem Einbau in der Höhe nach dem Meterriss oder OFF, ansonsten **lot- und waagrecht** auszurichten. Die Zarge ist so auszuspreizen, dass das Falzmaß auf die gesamte Höhe eingehalten wird.

Bei der maßlichen Prüfung der Stahlzarge im eingebauten Zustand muss das **Falzmaß** 50 mm unterhalb der waagrecht liegenden Falzkante sowie in der Mitte und im Bereich der Bodeneinstandsmarkierung gemessen werden. Die Grenzabweichung für das Falzmaß beträgt + 2/– 1 mm. Das Falzmaß ist zudem in der Höhe an den senkrechten Profilen zu prüfen. Die Grenzabweichung für den Abstand zwischen Unterkante der Stahlzarge und Sturzteil beträgt ± 2 mm.

Verglasungen
nach DIN EN 572-2 bis 6:2012-11

Grenzabweichungen für die Nennlänge *H* und die Nennbreite *B*:

- Floatglas: ± 5 mm

- poliertes Drahtglas: ± 4 mm

- gezogenes Flachglas: ± 5 mm

- Ornamentglas:
  - mit 3 bis 6 mm Dicke ± 3 mm
  - mit 8 bis 10 mm Dicke ± 4 mm
  - mit 12 bis 19 mm Dicke ± 5 mm

- Drahtornamentglas: ± 5 mm

Thermisch vorgespanntes Kalknatron-Einscheibensicherheitsglas
nach DIN EN 12150-1:2000-11

Grenzabweichungen für Breite und Länge:

- für Scheiben mit einer Nenndicke bis 12 mm, mit Seitenlängen:
  - bis 2.000 mm (horizontales Herstellungsverfahren) ± 2,5 mm
  - bis 2.000 mm (vertikales Herstellungsverfahren) ± 3,0 mm
  - über 2.000 bis 3.000 mm ± 3,0 mm
  - über 3.000 mm ± 4,0 mm

- für Scheiben mit einer Nenndicke über 12 mm, mit Seitenlängen:
  - bis 2.000 mm ± 3,0 mm
  - über 2.000 bis 3.000 mm ± 4,0 mm
  - über 3.000 mm ± 5,0 mm

Für die Toleranzen für Breite und Länge und für die Abweichung von der Rechtwinkligkeit ist ein **Boxbereich** definiert,
innerhalb dessen die Istabmessungen einer Scheibe liegen
müssen. Die Breite des Boxbereiches entspricht dem doppel-
ten Wert der Toleranz für die Breite bzw. die Länge.

Grenzwerte der Geradheitstoleranzen der generellen Verwerfung und der örtlichen Verwerfung für Glas ohne Boh-
rungen und/oder Ausschnitte:

- für horizontal hergestelltes Flachglas:
    - generelle Verwerfung   max. 0,003 mm/mm
    - örtliche Verwerfung   max. 0,5 mm/300 mm Länge

- für andere horizontal hergestellte Glasarten:
    - generelle Verwerfung   max. 0,004 mm/mm
    - örtliche Verwerfung   max. 0,5 mm/300 mm Länge

- für vertikal hergestellte Glasarten:
    - generelle Verwerfung   max. 0,005 mm/mm
    - örtliche Verwerfung   max. 1,0 mm/300 mm Länge

Thermisch vorgespanntes Borosilikat-Einscheibensicherheitsglas
nach DIN EN 13024-1:2012-02

Grenzabmaße und Winkelabweichungen:

Nenn-dicke D in mm	Grenzabweichung in mm					
	der Nennlänge H oder Nennbreite B			der Diagonalendifferenz		
	H, B bis 2.000 mm	B über 2.000 mm oder H bis 3.000 mm	H, B über 3.000 mm	H, B bis 2.000 mm	B über 2.000 mm oder H bis 3.000 mm	H, B über 3.000 mm
3 bis 7,5	± 3,0	± 4,0	± 5,0	4	6	8
8						
10 bis 12	± 4,0	± 5,0	± 6,0	6	8	10
13 bis 15						

Tabelle 2.8.6: Grenzwerte für Maßabweichungen von vorgespannten Borosilikat-Einscheibensicherheitsglas mit Nennlänge H und Nennbreite B sowie für die Rechtwinkligkeit nach DIN EN 13024-1:2012-02

Grenzwerte der Verwerfung:

- generelle Verwerfung: max. 0,005 mm/mm

- örtliche Verwerfung: max. 1,0 mm/300 mm

Grenzabmaße für Bohrungsdurchmesser:

- Nenndurchmesser
  für Bohrung ≥ 4 mm und ≤ 20 mm: ± 1 mm

- Nenndurchmesser
  für Bohrung > 20 mm und ≤ 100 mm: ± 2 mm

Metallbauarbeiten
nach VOB/C ATV DIN 18360:2012-09

Unterer Luftspalt von Türen: Bei Türen aus Metall und aus
Metall im Verbund mit anderen Werkstoffen ohne unteren
Anschlag darf das Maß zwischen Oberseite des Fußbodens
und Unterseite der Tür 8 mm nicht überschreiten.

Tischlerarbeiten
nach VOB/C ATV DIN 18355:2012-09

Abweichungen von vorgeschriebenen Maßen sind in den
durch DIN 18202 und DIN 18203-3:2008-08 bestimmten
Grenzen zulässig. Unebenheiten in den Oberflächen, die bei
Streiflicht sichtbar werden, sind zulässig, wenn diese innerhalb der Toleranzen nach DIN 18202 liegen.

Rollladenarbeiten

nach VOB/C ATV DIN 18358:2012-09

Abweichungen von vorgeschriebenen Maßen sind in den durch DIN 18202 bestimmten Grenzen zulässig.

9   Verkehrswege und Grünflächen

Pflastersteine
nach DIN EN 1338:2003-08

Grenzabweichungen für die Länge, die Breite und die Dicke:

- bis 100 mm Dicke: ± 2 mm für die Länge und Breite
                          ± 3 mm für die Dicke

- über 100 mm Dicke: ± 3 mm für die Länge und Breite
                          ± 4 mm für die Dicke

Die Differenz zwischen 2 beliebigen Messungen der Dicke eines einzelnen Pflastersteins darf maximal 3 mm betragen.

Grenzwerte für Winkelabweichungen rechtwinkliger Pflastersteine mit einer Länge der Diagonalen von mehr als 300 mm:

- maximale Differenz für die Länge der beiden Diagonalen:
  - Klasse 1 (Kennzeichnung J)   max. 5 mm
  - Klasse 2 (Kennzeichnung K)   max. 3 mm

Grenzwert für die Ebenheitsabweichung und Wölbung für Pflastersteine mit einem Größtmaß von mehr als 300 mm:

- Messlänge 300 mm: max. 1,5 mm konvex/
                          max. 1,0 mm konkav

- Messlänge 400 mm: max. 2,0 mm konvex/
                          max. 1,5 mm konkav

Ist die Oberfläche nicht als eben vorgesehen, muss der Hersteller Angaben zu Abweichungen machen.

Platten aus Naturstein für Außenbereiche

nach DIN EN 1341:2013-03

Grenzabweichungen der Flächenmaße:

- bei gesägten Kanten:
  - Klasse P1 ± 4 mm
  - Klasse P2 ± 2 mm

- bei gespaltenen und gespitzten Kanten:
  - Klasse P1 ± 10 mm
  - Klasse P2 ± 10 mm

Für die Klasse P0 besteht keine Anforderung.

Grenzabweichungen für die Dicke:

- bis 30 mm Dicke:
  - Klasse T1 ± 3 mm
  - Klasse T2 ± 10 %

- über 30 bis 80 mm Dicke:
  - Klasse T1 ± 4 mm
  - Klasse T2 ± 3 mm

- über 80 mm Dicke:
  - Klasse T1 ± 7 mm
  - Klasse T2 ± 4 mm

Für die Klasse T0 besteht keine Anforderung.

Grenzabweichungen der Diagonalen (Winkelabweichung):

- bei gesägten Kanten:
  - Klasse D1   6 mm
  - Klasse D2   3 mm

- bei gespaltenen und
  gespitzten Kanten:
  - Klasse D1   15 mm
  - Klasse D2   10 mm

Für die Klasse D0 besteht keine Anforderung.

Grenzwerte für Ebenheitsabweichungen längs der Kanten:

- für fein bearbeitete Sichtflächen
  mit einer längsten geraden Prüfkante:
  - bis 0,5 m   ± 2 mm
  - bis 1,0 m   ± 3 mm
  - bis 1,5 m   ± 4 mm

- für grob bearbeitete Sichtflächen
  mit einer längsten Prüfkante:
  - bis 0,5 m   ± 3 mm
  - bis 1,0 m   ± 4 mm
  - bis 1,5 m   ± 6 mm

Grenzwerte für Ebenheitsabweichungen der Sichtflächen (angegeben als Stichmaß):

- für fein bearbeitete Sichtflächen
  mit einer Messlänge:
  - bis 300 mm   2,0 mm (konvex) bzw.
                              1,0 mm (konkav)
  - bis 500 mm   3,0 mm (konvex) bzw.
                              2,0 mm (konkav)
  - bis 800 mm   4,0 mm (konvex) bzw.
                              3,0 mm (konkav)
  - bis 1.000 mm   5,0 mm (konvex) bzw.
                              4,0 mm (konkav)

- für grob bearbeitete Sichtflächen
  mit einer Messlänge:
  - bis 300 mm   3,0 mm (konvex) bzw.
                              2,0 mm (konkav)
  - bis 500 mm   4,0 mm (konvex) bzw.
                              3,0 mm (konkav)
  - bis 800 mm   5,0 mm (konvex) bzw.
                              4,0 mm (konkav)
  - bis 1.000 mm   8,0 mm (konvex) bzw.
                              6,0 mm (konkav)

Grenzwerte für Abweichungen von der Kantenform:
Scharfkantige oder im Schnitt rechtwinklige Kanten dürfen eine Abschrägung von nicht mehr als 2 mm in horizontaler und in vertikaler Richtung aufweisen.

Gartenplatten

nach DIN EN 1339:2003-08

Grenzabweichungen für die Länge, die Breite und die Dicke:

- Klasse 1
  (Kennzeichnung N):   ± 5 mm für die Länge und Breite
                              ± 3 mm für die Dicke

- Klasse 2
  (Kennzeichnung P),
  bis 600 mm Nennmaß: ± 2 mm für die Länge und Breite
                              ± 3 mm für die Dicke

- Klasse 2
  (Kennzeichnung P),
  über 600 mm Nennmaß: ± 3 mm für die Länge und Breite
                              ± 3 mm für die Dicke

- Klasse 3
  (Kennzeichnung R):   ± 2 mm für die Länge und Breite
                              ± 2 mm für die Dicke

Die Differenz zwischen 2 beliebigen Messungen der Länge, Breite und Dicke einer einzelnen Platte darf maximal 3 mm betragen.

Grenzwerte für Winkelabweichungen rechtwinkliger Platten mit einer Länge der Diagonalen von mehr als 300 mm:

- maximale Differenz für die Länge der beiden Diagonalen angegeben:
  - Klasse 1
    (Kennzeichnung J) Diagonale bis 850 mm   max. 5 mm
    Diagonale über 850 mm max. 8 mm
  - Klasse 2
    (Kennzeichnung K) Diagonale bis 850 mm   max. 3 mm
    Diagonale über 850 mm max. 6 mm
  - Klasse 3
    (Kennzeichnung L) Diagonale bis 850 mm   max. 2 mm
    Diagonale über 850 mm max. 4 mm

Grenzwert für die Ebenheitsabweichung und Wölbung für Platten mit einem Größtmaß von mehr als 300 mm:

- Messlänge 300 mm: max. 1,5 mm konvex/
                                      max. 1,0 mm konkav

- Messlänge 400 mm: max. 2,0 mm konvex/
                                      max. 1,5 mm konkav

- Messlänge 500 mm: max. 2,5 mm konvex/
                                      max. 1,5 mm konkav

- Messlänge 600 mm: max. 4,0 mm konvex/
                                      max. 2,5 mm konkav

Ist die Oberfläche nicht als eben vorgesehen, muss der Hersteller Angaben zu Abweichungen machen.

Nicht genormte Betonerzeugnisse

nach Bund-Güteschutz-Richtlinie
(vgl. Bund Güteschutz, 2006)

Grenzabweichungen für Produkte, die Fahrzeugbelastungen ausgesetzt sind, z. B. Betongrasplatten, Rasengittersteine, Baumscheiben, Spurwegplatten, Fahrbahnplatten u. a.:

- für die Länge und Breite: ± 5 mm

- für die Dicke bzw. Höhe: ± 5 mm

Verkehrswegebauarbeiten – Oberbauschichten ohne Bindemittel

nach VOB/C ATV DIN 18315:2012-09

Abweichungen von der Profilhöhe:

- bei Tragschichten, Frostschutzschichten
  und Planumsschutzschichten: max. 4 cm

- bei Deckschichten: max. 3 cm

Tragschichten, Frostschutzschichten, Planumsschutzschichten und Deckschichten sind höhengerecht und in vereinbartem Längs- und Querprofil herzustellen.

Abweichungen von der Ebenheit (innerhalb einer 4 m langen Messstrecke)**:**

- bei Tragschichten, Frostschutzschichten
  und Planumsschutzschichten: max. 3 cm

- bei Deckschichten: max. 2 cm

Abweichungen von der Dicke: In ATV DIN 18315:2012-09 werden Mindestabmessungen für die Dicke einzelner Schichten innerhalb des Oberbaus angegeben. Die Mindesteinbaudicke jeder Schicht oder Lage darf im verdichteten Zustand nicht unterschritten werden.

Verkehrswegebauarbeiten – Oberbauschichten mit hydraulischen Bindemitteln
nach VOB/C ATV DIN 18316:2012-09

Abweichungen von der Dicke: Oberbauschichten mit hydraulischen Bindemitteln dürfen folgende Mindestdicken an keiner Stelle unterschreiten:

- Verfestigungen: 10 cm

- hydraulisch gebundene Tragschichten: 9 cm

- Betontragschichten: 6 cm

- Betondecken: 10 cm

Abweichungen von der profilgerechten Lage: Verfestigungen als Tragschichten, hydraulisch gebundene Tragschichten, Betontragschichten und Betondecken sind höhengerecht und im vereinbarten Längs- und Querprofil herzustellen. Abweichungen der Oberfläche von der Sollhöhe dürfen an keiner Stelle mehr als 3 cm betragen.

Ebenheitsabweichungen: Bei Verfestigungen als Tragschichten, hydraulisch gebundenen Tragschichten, Betontragschichten und Betondecken dürfen folgende Grenzwerte für

Ebenheitsabweichungen der Oberflächen innerhalb einer 4 m langen Messstrecke nicht überschritten werden:

- Verfestigungen als Tragschichten: 3 cm

- hydraulisch gebundene Tragschichten: 2 cm

- Betontragschichten: 2 cm

- Betondecken: 1 cm

Verkehrswegebauarbeiten – Oberbauschichten aus Asphalt
nach VOB/C ATV DIN 18317:2012-09

Abweichungen von der profilgerechten Lage: Asphalttragschichten, Asphalttragdeckschichten, Asphaltbinderschichten, Deckschichten aus Asphaltbeton und Splittmastixasphalt sind höhengerecht und im vereinbarten Längs- und Querprofil herzustellen. Abweichungen der Oberfläche von der Sollhöhe dürfen an keiner Stelle mehr als 3 cm betragen.

Ebenheitsabweichungen: Für Asphalttragschichten, Asphalttragdeckschichten, Asphaltbinderschichten, Deckschichten aus Asphaltbeton und Splittmastixasphalt sowie für Deckschichten aus Gussasphalt sind folgende Grenzwerte für Ebenheitsabweichung der Oberfläche der Schichten innerhalb einer 4 m langen Messstrecke festgelegt:

- für Asphalttragschichten: max. 2 cm

- für Asphalttragdeckschichten: max. 1,5 cm

- für Asphaltbinderschichten: max. 1 cm

- für Deckschichten aus Asphalt: max. 1 cm

- für Deckschichten aus Gussasphalt: max. 1 cm

Abweichungen von der Dicke: Für die Schichtdicke von Asphalttragschichten, Asphalttragdeckschichten, Asphaltbinderschichten, Deckschichten aus Asphaltbeton und Splittmastixasphalt sind folgende Mittelwerte sowie kleinste Werte, die an keiner Stelle unterschritten werden dürfen, einzuhalten:

- Asphalttragschichten: im Mittel 6 cm,
  an keiner Stelle unter 4 cm

- Asphalttragdeckschichten: im Mittel 7 cm,
  an keiner Stelle unter 5 cm

- Asphaltbinderschichten: im Mittel 4 cm,
  an keiner Stelle unter 3 cm

- Deckschichten aus Asphalt: im Mittel 2,5 cm,
  an keiner Stelle unter 1,5 cm,
  mind. jedoch das
  2,5-Fache des Größtkorns

- Schutzschichten aus
  Walzasphalt: im Mittel 2,5 cm, an keiner
  Stelle unter 1,5 cm

Verkehrswegebauarbeiten – Pflasterdecken, Plattenbeläge und Einfassungen

nach VOB/C ATV DIN 18318:2012-09

Grenzwerte für Abweichungen von der Lage:

- Abweichungen von der Sollhöhe:
  - Pflasterdecken   ± 2 cm
  - Plattenbeläge   ± 2 cm
  - Randeinfassungen   ± 2 cm

- Abweichungen von dem Sollabstand
  zur Bezugsachse:
  - Randeinfassungen   ± 2 cm

- Abweichungen von der Flucht in Auftritt- und
  Vorderflächen an den Stoßfugen:
  - Bordsteine etc. mit ebener Oberfläche   ± 2 mm
  - Bordsteine etc. mit grobrauer Oberfläche   ± 5 mm

Ebenheitsabweichungen: Abweichungen von der Ebenheit der Oberfläche dürfen innerhalb einer 4 m langen Messstrecke folgende Grenzwerte (gemessen nach TP Eben – Berührende Messungen; vgl. FGSV, 2007) nicht überschreiten:

- Flächen aus Pflasterdecken
  und Plattenbelägen: 1 cm/4 m

- Entwässerungsrinnen: 0,5 cm/4 m

Grenzwerte für Abweichungen bei höhengleichen Anschlüssen: Pflasterdecken und Plattenbeläge sind in den Fugen höhengleich herzustellen. Bei höhengleichen Anschlüssen sind folgende Grenzwerte für Abweichungen in der Höhe zulässig:

- Baustoffe mit ebener Oberfläche: ± 2 mm

- Baustoffe mit grobrauer Oberfläche: ± 5 mm

Neben Randeinfassungen und Einbauten müssen die Anschlüsse 3 bis 5 mm über deren Oberfläche liegen. Neben wasserführenden Rinnen müssen die Anschlüsse 3 bis 10 mm über der Rinne liegen.

Neigungen und Winkelabweichungen: Für die abflusswirksame resultierende Neigung der Pflasterdecke bzw. des Plattenbelages sind folgende Mindestwerte einzuhalten:

- Naturstein mit gespaltener oder grob bearbeiteter Oberfläche:
  - auf Fahrbahnen   3,5 %
  - auf sonstigen Flächen   3,0 %

- in allen anderen Fällen: 2,5 %

- Entwässerungsrinnen, Längsgefälle: 0,5 %

Ausführungsbedingte Abweichungen von der planmäßigen Neigung dürfen folgenden Grenzwert nicht überschreiten:

- alle Pflasterdecken und Plattenbeläge: ± 0,4 %

Mindestwerte für die Bettungsdicke im verdichteten Zustand:

- Betonsteinpflaster: 3 bis 5 cm

- Betonsteinpflaster,
  Steindicke über 120 mm: auch 4 bis 6 cm

- Pflasterklinker und Pflasterziegel: 3 bis 5 cm

- Natursteinpflaster: 3 bis 5 cm

- Natursteinpflaster,
  Steindicke über 120 mm: auch 4 bis 6 cm

- Plattenbeläge: 3 bis 5 cm

Abmessungen für Fugenbreiten:

- Betonsteinpflaster, Nenndicke
  bis 120 mm: 3 bis 5 mm

- Betonsteinpflaster, Nenndicke
  über 120 mm: 5 bis 8 mm

- Pflasterklinker und Pflasterziegel: 3 bis 5 mm

- Mosaikpflastersteine aus Naturstein: 3 bis 6 mm

- Kleinpflastersteine aus Naturstein: 5 bis 10 mm

- Großpflastersteine aus Naturstein: 8 bis 15 mm

- Plattenbeläge unter 120 mm Nenndicke: 3 bis 5 mm

- Plattenbeläge ab 120 mm Nenndicke: 5 bis 10 mm

- Bord- und Einfassungssteine: 3 bis 5 mm

- Muldensteine, Rinnensteine: 8 bis 12 mm
- Entwässerungsrinnen aus Pflastersteinen: 8 bis 12 mm

Pflastersteine sind mit einem gleichmäßigen Verband in Reihen mit versetzten Fugen zu verlegen. Fugenachsen müssen einen gleichmäßigen Verlauf aufweisen. Bei Natursteinpflaster sind Pressfugen unzulässig, Kreuzfugen sind zu vermeiden.

Vegetationstragschichten
nach DIN 18915:2002-08

Die Vegetationstragschicht ist für Rasen mit einer **Schichtdicke** von 10 bis 20 cm und für Gehölz- und Staudenflächen mit einer Schichtdicke von 20 bis 40 cm aufzutragen. Die Dicke darf dabei nicht mehr als 25 %, höchstens jedoch 5 cm von der geforderten Andeckungsdicke abweichen.

Grenzwert für die Ebenheitsabweichung des Planums der aufgetragenen oder der vorhandenen Vegetationstragschicht ist ein Stichmaß von 5 cm innerhalb einer Messstrecke von 4 m Länge. Anschlüsse müssen bündig sein und können nach unten bis 3 cm abweichen.

Feinplanum
nach DIN 18916:2002-08

Abweichungen von der Ebenheit sollen auf 5 cm innerhalb einer Messstrecke von 4 m Länge begrenzt sein. Die Anschlüsse müssen bündig sein und können nach unten bis 3 cm abweichen.

Rasen- und Saatarbeiten
nach DIN 18917:2002-08

Die **Ebenheitsabweichung** des Feinplanums soll auf einer
Messstrecke von 4 m Länge betragen:

- bei Gebrauchsrasen, Strapazier-
  und Zierrasen: max. 3 cm

- bei Landschaftsrasen: max. 5 cm

Modellierungen sollen weitläufig und gleichmäßig ausgezo-
gen sein. Anschlüsse an Kanten, Belägen etc. sollen bündig
sein und dürfen nach unten bis 2 cm abweichen.

Checkliste für die Berücksichtigung von Toleranzen in Planung und Ausführung

Die DIN 18202 gibt Maßtoleranzen für die Ausführung von Bauleistungen vor. Bei der Planung, Ausschreibung und Ausführung sind jedoch eine Vielzahl weiterer Einflussfaktoren zu berücksichtigen. Diese werden in der nachfolgenden Checkliste dargestellt. Der Aufbau der Checkliste folgt dabei der Chronologie des Bauablaufs: ausgehend von der Definition des Bausolls und dessen Umsetzung in der Planung, der Ausführungsvereinbarung, der Arbeitsvorbereitung, der eigentlichen Bauausführung bis hin zur Fertigstellung und Abnahme.

| 1 | Planung | **Notwendiges Maß im fertigen Zustand** | ✓ |

1.1 Anforderungen für die Nutzung

- Welche – vertraglich vereinbarten – Anforderungen bestehen für den fertigen Zustand hinsichtlich der Maße, Winkel und Ebenheiten von Oberflächen? ☐
- Welcher Erfolg ist vertraglich geschuldet? ☐
- Welche Leistungen sind ggf. vertraglich vereinbart? ☐

1.2 Anforderungen in technischen Regelwerken

- Sind Mindestabmessungen einzuhalten? ☐
- Welche DIN-Normen sind zu beachten? ☐
- Gibt es bauordnungsrechtliche Vorgaben (Bauordnung des Landes)? ☐
- Gibt es sonstige Anforderungen aus Verordnungen, Erlassen etc. (Garagenverordnung, Arbeitsstättenverordnung, bauaufsichtlich eingeführte Merkblätter)? ☐

1.3 Gewährleistung der Funktion

- Führen die Maßgenauigkeit eines Bauteils bzw. Maßabweichungen zur Beeinträchtigung einer Funktion (z. B. Einbau von technischen Anlagen und Maschinen, Nutzung von Fahrbereichen, Entwässerung von Bauteilen)? ☐

1.4 Gewährleistung der optischen Erscheinung

- Führt die Maßgenauigkeit eines Bauteils zur Beeinträchtigung der optischen Erscheinung (z. B. Struktur einer Fläche, optische Gestaltung von Toleranzausgleichsmöglichkeiten an Anschlussfugen, Sichtbarkeit eines Bauteils, Hervorhebungen durch Lichteinfall)? ☐

Checkliste: Berücksichtigung von Toleranzen in Planung und Ausführung (Fortsetzung nächste Seite)

| 2 | Planung | **Ermittlung der Toleranzen** | ✓ |

2.1 Toleranzen der Stoffe und Bauteile

- Welche Stoffe werden verwendet (z. B. Mauersteine)? ☐
- Welche Toleranzen ergeben sich aus den zugehörigen Stoffnormen? ☐
- Welche Bauteile werden separat gefertigt (z. B. Stahlbeton-Fertigteile)? ☐
- Welche Toleranzen sind für separat zu fertigende Bauteile zu beachten? ☐
- Bestehen Toleranzausgleichsmöglichkeiten an den Anschlüssen der Bauteile? ☐
- Welche Bauteile werden standardmäßig fertig bezogen (z. B. Toranlagen)? ☐
- Welche Toleranzen bestehen für Standardbauteile? ☐

2.2 Inhärente Toleranzen

Verformungen infolge Kriechens unter Eigenlast/Verkehrslast
- Welche Toleranzen ergeben sich aus der Verformungsberechnung? ☐
- Wie ist der zeitliche Verlauf der Verformungen? ☐
- Welche unterschiedlichen Bauzustände sind hinsichtlich der Verformungen zu berücksichtigen? ☐
- Ist ein Toleranzausgleich für die verschiedenen Bauzustände und langfristig für den Endzustand möglich? ☐

Verformungen infolge Schwindens unter Änderung des Feuchtegehaltes
- Welche Toleranzen ergeben sich aus der Berechnung des Schwindverhaltens? ☐
- Welche Verformungszustände sind als Bauzustände und auf Dauer zu berücksichtigen? ☐
- Ist ein entsprechender Toleranzausgleich möglich? ☐

Verformungen im Gebrauchszustand unter Windlast/Erschütterungen
- Welche Toleranzen ergeben sich aus der Berechnung der Elastizität? ☐
- Ist ein kurzfristiger Toleranzausgleich bei Auftreten der Beanspruchung möglich? ☐

Verformungen aus Quellen bei Änderung des Feuchtegehaltes
- Welche Toleranzen ergeben sich aus der Verformungsberechnung für den Baustoff? ☐
- Ist ein Toleranzausgleich insbesondere an den Anschlüssen möglich? ☐

Checkliste (Fortsetzung): Berücksichtigung von Toleranzen in Planung und Ausführung

2.3 Ausführungstoleranzen ✓

Ausführungstoleranzen nach DIN 18202

- Welche Toleranzwerte sind zu berücksichtigen? ☐
- Werden die Grenzabweichungen nach DIN 18202, Tabelle 1, durch Ausnutzung der Grenzwerte für Winkelabweichungen nach DIN 18202, Tabelle 2, überschritten bzw. umgekehrt? ☐
- Werden erhöhte Anforderungen an die Ebenheit von Flächen nach DIN 18202, Tabelle 3, Zeile 4 und 7, gestellt? ☐
- Werden für das Bauwerk oder einzelne Bauteile andere Genauigkeiten gefordert als nach DIN 18202? ☐

Unstetigkeitsstellen der Toleranzfunktion

- Sind die Anforderungen an Grenzabweichungen und Grenzwerte für Winkelabweichungen an den Übergängen der Nennmaßbereiche eindeutig festgelegt? ☐
- Bestehen Überschneidungen der Toleranzen nach DIN 18202 mit anderen Regelwerken oder Anforderungen aus dem Bausoll? ☐
- Bestehen für Bauteile im eingebauten Zustand die gleichen Toleranzanforderungen (DIN 18202) wie für das Bauteil selbst? ☐

Passung der Gewerke untereinander

- Bestehen für aufeinanderfolgende Gewerke an den Schnittstellen einheitliche Toleranzvorgaben? ☐
- Wenn keine einheitlichen Toleranzen bestehen: Welche Unterschiede müssen von der Passung an den Schnittstellen aufgenommen werden? ☐
- Ist mit fortschreitendem Ausbau die Einhaltung verfeinerter Toleranzen möglich (d. h., können Toleranzen in der Vorleistung durch das nachfolgende Gewerk ausgeglichen werden)? ☐
- Sind die Genauigkeitsanforderungen des fertigen Zustandes dem entsprechenden Gewerk zugeordnet (z. B. Stahlbetonwände mit Dünnputzauftrag)? ☐

Ausführbarkeit geforderter Genauigkeiten

- Sind die Anforderungen des Planers baupraktisch unter Berücksichtigung des jeweiligen Bauablaufes erfüllbar? ☐
- Welches Ausmaß haben übliche Ungenauigkeiten einer handwerklichen Ausführung? ☐

Checkliste (Fortsetzung): Berücksichtigung von Toleranzen in Planung und Ausführung

		Temporäre ungleichmäßige Verformungen wegen Veränderung des Feuchtegehaltes	✓

- Kann das Auftreten der Verformungen im Bauablauf vermieden bzw. eingeschränkt werden? ☐
- Bestehen Toleranzausgleichsmöglichkeiten, wenn ein Vermeiden von Verformungen nicht möglich ist (z. B. Schüsseln von Estrichen, Verziehen von Holzfenstern und -türen)? ☐

3 **Planung** **Gesamtmaß für die Planungsvorgabe**

3.1 Maß im fertigen Zustand

- Welches Maß ist im fertigen Zustand notwendig? ☐

3.2 Gesamttoleranzmaß

Berechnung der Gesamttoleranz nach der additiven Methode oder nach dem Fehlerfortpflanzungsgesetz ☐
    Summe der Toleranzen für Stoffe und Bauteile
+ Summe der inhärenten Toleranzen
+ Summe der ausführungsbedingten Toleranzen
= Gesamttoleranzmaß als Vorhaltemaß ☐

3.3 Nennmaß in der Planung

    Maß im fertigen Zustand
+ Gesamttoleranzmaß
= Gesamtmaß für die Planung ☐

Checkliste (Fortsetzung): Berücksichtigung von Toleranzen in Planung und Ausführung

4	Ausführung	Ausschreibung und Vereinbarung für die Ausführung	✓

4.1 Pläne

- Sind notwendige Toleranzmaße in den Ausführungsplänen enthalten bzw. angegeben? ☐

4.2 Leistungsverzeichnis

- Sind die Genauigkeitsanforderungen für die Ausführung der einzelnen Leistungsbereiche in den Leistungsbeschreibungen angegeben? ☐
- Sind Maßnahmen zum Ausgleich von Passungsungenauigkeiten an den gemeinsamen Grenzen verschiedener Leistungsbereiche mit unterschiedlichen Genauigkeitsanforderungen in den Ausführungsvorgaben enthalten? ☐

4.3 Vertrag

- Sind die Genauigkeitsanforderungen Bestandteil der Ausführungsvereinbarung? ☐

5	Ausführung	Vorbereitung der Ausführung	

5.1 Machbarkeit der für den Endzustand geforderten Genauigkeit

- Überprüfen der Toleranzforderungen in Bezug auf die möglichen Maßabweichungen der vorgesehenen Baustoffe und Bauverfahren ☐
- ggf. Reduzieren der Genauigkeitsforderungen oder Änderung der Technologie (Ausführungsart) ☐
- Abstimmen der Passungen mit Vor- und Folgeleistungen ☐
- Bestimmen der Vermessungsart bzw. der Vorgehensweise bei der Durchführung von Genauigkeitsüberprüfungen und der Messmittel ☐
- Festlegen von Vermessungspunkten für das Einmessen und für Maßkontrollen bzw. von Messstellen ☐

Checkliste (Fortsetzung): Berücksichtigung von Toleranzen in Planung und Ausführung

5.2 Prüfen der Vorleistung ✓

- Prüfen, ob Bauwerksmaße, Winkligkeiten und Ebenheiten der Vorleistung mit den Planvorgaben übereinstimmen ☐
- Feststellen der Maßabweichungen in der Vorleistung ☐
- Prüfen, ob Maßabweichungen der Vorleistung innerhalb der zulässigen Toleranzgrenzen liegen ☐

5.3 Entscheidung über den Ausführungsbeginn

bei fehlerhafter Vorleistung:
- Anmelden von Bedenken im Sinne VOB/B gegenüber dem Auftraggeber vor Ausführungsbeginn ☐
- Hinweis auf die Konsequenzen für die Ausführung der nachfolgenden Leistung im Rahmen einer Behinderungsanzeige ☐
- Abstimmen von Maßnahmen zum Ausgleich der mangelhaften Vorleistung mit dem Auftraggeber; Beachten der Haftung für Ausführungsvorschläge ☐
- Klären der Vergütung für Maßnahmen zum Ausgleich mangelhafter Vorleistungen vorab ☐
- Ausführen von Maßnahmen zum Ausgleich mangelhafter Vorleistungen nur bei entsprechender Beauftragung (Anmerkung: Fehler, die einmal aufgetreten sind, sollten nicht durch nachfolgende Maßnahmen verdeckt, sondern zuerst beseitigt werden.) ☐

bei fehlerfreier Vorleistung:
- Ausführungsbeginn ☐

6 Ausführung

6.1 Aufnehmen der bestehenden Situation

- Berücksichtigen bestehender Ungenauigkeiten beim Anlegen der Folgeleistung ☐
- Festlegen eines möglichen Toleranzausgleichs aus der Vorleistung ☐

Checkliste (Fortsetzung): Berücksichtigung von Toleranzen in Planung und Ausführung

6.2 Zwischenkontrollen während der Ausführung   ✓

- stichprobenhafte Kontrollen je nach Erfordernis im Zuge des Baufortschritts ☐
- Verdichten der Kontrollen je nach Ergebnis der Stichproben unter statistischen Gesichtspunkten ☐
- Abstimmung der laufenden Ausführung und der dabei auftretenden Toleranzen auf die Möglichkeiten eines Toleranzausgleichs durch die Folgeleistung ☐
- aufgetretene Fehler möglichst frühzeitig korrigieren (Anmerkung: Der Kostenaufwand hierfür steigt mit zunehmender Fertigstellung in der Regel überproportional an.) ☐

6.3 Endkontrolle bei Fertigstellung

- Maßkontrolle vor Anmeldung der Fertigstellung ☐
- Korrektur, sofern erforderlich ☐

7   Ausführung   Fertigstellungsabnahme

7.1 Prüfung

- allgemeine Prüfung durch Augenschein ☐
- in Funktionsbereichen: zusätzliche Kontrolle der Funktion ☐
- bei besonderen optischen Anforderungen: Kontrolle der optischen Erscheinung unter Gebrauchsbedingungen ☐
- bei besonderen vertraglich vereinbarten Anforderungen: Kontrolle der vereinbarten Kriterien ☐
- schwerpunktmäßige Kontrolle der Passung an den Leistungsgrenzen aufeinanderfolgender Gewerke ☐

7.2 Dokumentation

- Dokumentation des Prüfungsergebnisses bzw. der erreichten Genauigkeit im Protokoll bzw. in der Abnahmeniederschrift ☐
- Abgrenzung der Toleranzen für die nachfolgende Leistung ☐

Checkliste (Fortsetzung): Berücksichtigung von Toleranzen in Planung und Ausführung

Quellenverzeichnis

B

Bund Güteschutz Beton- und Stahlbetonfertigteile e. V.: Bund-Güteschutz-Richtlinie „Nicht genormte Betonprodukte – Anforderungen und Prüfungen – (BGB-RiNGB)"; Fassung November 2006

Bundesausschuss Farbe und Sachwertschutz (Hrsg.): Merkblatt Nr. 10: Beschichtungen, Tapezier- und Klebearbeiten auf Innenputz; Ausgabe Mai 2012

Bundesausschuss Farbe und Sachwertschutz (Hrsg.): Merkblatt Nr. 21: Technische Richtlinien für die Planung und Verarbeitung von Wärmedämm-Verbundsystemen; Ausgabe Mai 2012

Bundesverband der Gipsindustrie e. V., Industriegruppe Baugipse (Hrsg.): Putzoberflächen im Innenbereich. Merkblatt 3 – Qualitätsstufen: abgezogen, geglättet, abgerieben und gefilzt; Berlin Ausgabe Oktober 2011

BVSF Bundesverband Spannbeton-Fertigdecken e. V.: Merkblatt Nr. 5 – Toleranzen; Beton-Marketing Deutschland GmbH, Erkrath; Ausgabe März 2008

D

Deutscher Beton- und Bautechnik-Verein e. V. (DBV) und Bundesverband der Deutschen Zementindustrie e. V. (BDZ) (Hrsg.): Merkblatt Sichtbeton; Fassung August 2004

DIN 105-5:2013-06 Mauerziegel – Teil 5: Leichtlanglochziegel und Leichtlanglochziegelplatten

DIN 105-6:2013-06 Mauerziegel – Teil 6: Planziegel

DIN 105-100:2012-01 Mauerziegel – Teil 100: Mauerziegel mit besonderen Eigenschaften

DIN V 106:2005-10 Kalksandsteine mit besonderen Eigenschaften

DIN 4072:1977-08 Gespundete Bretter aus Nadelholz

DIN 4074-1:2012-06 Sortierung von Holz nach Tragfähigkeit – Teil 1: Nadelschnittholz

DIN 4074-5:2008-12 Sortierung von Holz nach der Tragfähigkeit – Teil 5: Laubschnittholz

DIN 4108-10:2008-06 Wärmeschutz und Energie-Einsparung in Gebäuden – Teil 10: Anwendungsbezogene Anforderungen an Wärmedämmstoffe – Werkmäßig hergestellte Wärmedämmstoffe

DIN V 4165-100:2005-10 Porenbetonsteine – Teil 100: Plansteine und Planelemente mit besonderen Eigenschaften

DIN 4223-1:2003-12 Vorgefertigte bewehrte Bauteile aus dampfgehärtetem Porenbeton – Teil 1: Herstellung, Eigenschaften, Übereinstimmungsnachweis

DIN 15185-1:1991-08 Lagersysteme mit leitliniengeführten Flurförderzeugen; Anforderungen an Boden, Regal und sonstige Anforderungen

DIN 18065:2011-06 Gebäudetreppen – Begriffe, Messregeln, Hauptmaße

DIN 18100:1983-10 Türen; Wandöffnungen für Türen; Maße entsprechend DIN 4172

DIN 18101:1985-01 Türen; Türen für den Wohnungsbau; Türblattgrößen, Bandsitz und Schlosssitz; gegenseitige Abhängigkeit der Maße

DIN 18111-1:2004-08 Türzargen – Stahlzargen – Teil 1: Standardzargen für gefälzte Türen in Mauerwerkswänden

DIN 18111-2:2004-08 Türzargen – Stahlzargen – Teil 2: Standardzargen für gefälzte Türen in Ständerwerkswänden

DIN 18111-3:2005-01 Türzargen – Stahlzargen – Teil 3: Sonderzargen für gefälzte und ungefälzte Türblätter

DIN 18111-4:2004-08 Türzargen – Stahlzargen – Teil 4: Einbau von Stahlzargen

DIN 18148:2000-10 Hohlwandplatten aus Leichtbeton

DIN V 18153-100:2005-10 Mauersteine aus Beton (Normalbeton)
– Teil 100: Mauersteine mit besonderen Eigenschaften

DIN 18158:1986-09 Bodenklinkerplatten

DIN 18162:2000-10 Wandbauplatten aus Leichtbeton, unbewehrt

DIN 18180:2007-01 Gipsplatten –
Arten und Anforderungen

DIN 18195-3:2011-12 Bau-
werksabdichtungen – Teil 3: Anforderungen an den Untergrund
und Verarbeitung der Stoffe

DIN 18202:2013-04 Toleranzen im
Hochbau – Bauwerke

DIN 18203-1:1997-04 Toleranzen
im Hochbau – Teil 1: Vorgefertigte Teile aus Beton, Stahlbeton
und Spannbeton

DIN 18203-2:2006-08 Toleranzen
im Hochbau – Teil 2: Vorgefertigte Teile aus Stahl

DIN 18203-3:2008-08 Toleranzen
im Hochbau – Teil 3: Bauteile
aus Holz und Holzwerkstoffen

DIN V 18500:2006-12 Betonwerkstein – Begriffe, Anforderungen,
Prüfung, Überwachung

DIN 18531-1:2010-05 Dachabdichtungen; Abdichtungen für
nicht genutzte Dächer – Teil 1:
Begriffe, Anforderungen, Pla-
nungsgrundsätze

DIN 18540:2006-12 Abdichten
von Außenwandfugen im Hochbau mit Fugendichtstoffen

DIN V 18550:2005-04 Putz und
Putzsysteme – Ausführung

DIN 18710-1:2010-09 Ingenieur-
vermessung – Teil 1: Allgemeine
Anforderungen

DIN 18915:2002-08 Vegetations-
technik im Landschaftsbau –
Bodenarbeiten

DIN 18916:2002-08 Vegetations-
technik im Landschaftsbau –
Pflanzen und Pflanzarbeiten

DIN 18917:2002-08 Vegetations-
technik im Landschaftsbau –
Rasen und Saatarbeiten

DIN 68365:2008-12 Schnittholz
für Zimmerarbeiten – Sortierung nach dem Aussehen –
Nadelholz

DIN 68706-1:2002-02 Innentüren aus Holz und Holzwerkstoffen – Teil 1: Türblätter – Begriffe, Maße, Anforderungen

DIN 68706-2:2002-02 Innentüren aus Holz und Holzwerkstoffen – Teil 2: Türzargen – Begriffe, Maße, Einbau

DIN EN 300:2006-09 Platten aus langen, flachen, ausgerichteten Spänen (OSB) – Definitionen, Klassifizierung und Anforderungen; Deutsche Fassung EN 300:2006

DIN EN 312:2010-12 Spanplatten – Anforderungen; Deutsche Fassung EN 312:2012

DIN EN 315:2000-10 Sperrholz – Maßtoleranzen; Deutsche Fassung EN 315:2000

DIN EN 336:2003-09 Bauholz für tragende Zwecke – Maße, zulässige Abweichungen; Deutsche Fassung EN 336:2003

DIN EN 390:1995-03 Brettschichtholz – Maße, Grenzabmaße; Deutsche Fassung EN 390:1994

DIN EN 490:2012-01 Dach- und Formsteine aus Beton für Dächer und Wandbekleidungen – Produktanforderungen; Deutsche Fassung EN 490:2011

DIN EN 494:2013-01 Faserzement-Wellplatten und dazugehörige Formteile – Produktspezifikation und Prüfverfahren; Deutsche Fassung EN 494:2012

DIN EN 501:1994-11 Dacheindeckungsprodukte aus Metallblech – Festlegung für vollflächig unterstützte Bedachungselemente aus Zinkblech; Deutsche Fassung EN 501:1994

DIN EN 502:2013-06 Dachdeckungsprodukte aus Metallblech – Spezifikation für vollflächig unterstützte Bedachungselemente aus nichtrostendem Stahlblech; Deutsche Fassung EN 502:2013

DIN EN 504:2000-01 Dachdeckungsprodukte aus Metallblech – Festlegungen für vollflächig unterstützte Bedachungselemente aus Kupferblech; Deutsche Fassung EN 504:1999

DIN EN 505:2013-06 Dachdeckungsprodukte aus Metallblech – Spezifikation für vollflächig unterstützte Bedachungselemente aus Stahlblech; Deutsche Fassung EN 505:2013

DIN EN 520:2009-12 Gipsplatten – Begriffe, Anforderungen und Prüfverfahren; Deutsche Fassung EN 520:2004 + A1:2009

DIN EN 572-2:2012-11 Glas im Bauwesen – Basiserzeugnisse aus Kalk-Natronsilicatglas – Teil 2: Floatglas; Deutsche Fassung EN 572-2:2012

DIN EN 572-3:2012-11 Glas im Bauwesen – Basiserzeugnisse aus Kalk-Natronsilicatglas – Teil 3: Poliertes Drahtglas; Deutsche Fassung EN 572-3:2012

DIN EN 572-4:2012-11 Glas im Bauwesen – Basiserzeugnisse aus Kalk-Natronsilicatglas – Teil 4: Gezogenes Flachglas; Deutsche Fassung EN 572-4:2012

DIN EN 572-5:2012-11 Glas im Bauwesen – Basiserzeugnisse aus Kalk-Natronsilicatglas – Teil 5: Ornamentglas; Deutsche Fassung EN 572-5:2012

DIN EN 572-6:2012-11 Glas im Bauwesen – Basiserzeugnisse aus Kalk-Natronsilicatglas – Teil 6: Drahtornamentglas; Deutsche Fassung EN 572-6:2012

DIN EN 612:2005-04 Hängedachrinnen mit Aussteifung der Rinnenvorderseite und Regenrohre aus Metallblech mit Nahtverbindungen; Deutsche Fassung EN 612:2005

DIN EN 622-1:2003-09 Faserplatten – Anforderungen – Teil 1: Allgemeine Anforderungen; Deutsche Fassung EN 622-1: 2003

DIN EN 634-1:1995-04 Zementgebundene Spanplatten – Anforderungen – Teil 1: Allgemeine Anforderungen; Deutsche Fassung EN 634-1:1995

DIN EN 771-1:2011-07 Festlegungen für Mauersteine – Teil 1: Mauerziegel; Deutsche Fassung EN 771-1:2011

DIN EN 771-2:2011-07 Festlegungen für Mauersteine – Teil 2: Kalksandsteine; Deutsche Fassung EN 771-2:2011

DIN EN 771-3:2011-07 Festlegungen für Mauersteine – Teil 3: Mauersteine aus Beton (mit dichten und porigen Zuschlägen); Deutsche Fassung EN 771-3:2011

DIN EN 771-4:2011-07 Festlegungen für Mauersteine – Teil 4: Porenbetonsteine; Deutsche Fassung EN 771-4:2011

DIN EN 988:1996-08 Zink und Zinklegierungen – Anforderungen an gewalzte Flacherzeugnisse für das Bauwesen; Deutsche Fassung ENN 988:1996

DIN EN 1090-2:2011-10 Ausführung von Stahltragwerken und Aluminiumtragwerken – Teil 2: Technische Regeln für die Ausführung von Stahltragwerken; Deutsche Fassung EN 1090-2: 2008+A1:2011

DIN EN 1090-3:2008-09 Ausführung von Stahltragwerken und Aluminiumtragwerken – Teil 3: Technische Regeln für die Ausführung von Aluminiumtragwerken; Deutsche Fassung EN 1090-3:2008

DIN EN 1304:2008-07 Dachziegel und Formziegel – Begriffe und Produktanforderungen; Deutsche Fassung EN 1304:2005

DIN EN 1338:2003-08 Pflastersteine aus Beton – Anforderungen und Prüfverfahren; Deutsche Fassung EN 1338:2003

DIN EN 1339:2003-08 Platten aus Beton – Anforderungen und Prüfverfahren; Deutsche Fassung EN 1339:2003

DIN EN 1341:2013-03 Platten aus Naturstein für Außenbereiche – Anforderungen und Prüfverfahren; Deutsche Fassung EN 1341:2012

DIN EN 1520:2011-06 Vorgefertigte Bauteile aus haufwerksporigem Leichtbeton und mit statisch anrechenbarer oder nicht anrechenbarer Bewehrung; Deutsche Fassung EN 1520:2011

DIN EN 1995-1-1/NA:2013-08 Nationaler Anhang – National festgelegte Parameter – Eurocode 5: Bemessung und Konstruktion von Holzbauten – Teil 1-1: Allgemeines – Allgemeine Regeln und Regeln für den Hochbau

DIN EN 1996-1-1/NA:2012-05 Nationaler Anhang – National festgelegte Parameter – Eurocode 6: Bemessung und Konstruktion von Mauerwerksbauten – Teil 1-1: Allgemeine Regeln für bewehrtes und unbewehrtes Mauerwerk

DIN EN 1996-2/NA:2012-01 Nationaler Anhang – National festgelegte Parameter – Eurocode 6: Bemessung und Konstruktion von Mauerwerksbauten – Teil 2: Planung, Auswahl der Baustoffe und Ausführung von Mauerwerk

DIN EN 12056-3:2001-01 Schwerkraftentwässerungsanlagen innerhalb von Gebäuden – Teil 3: Dachentwässerung, Planung und Bemessung; Deutsche Fassung EN 12056-3:2000

DIN EN 12057:2005-01 Natursteinprodukte – Fliesen – Anforderungen; Deutsche Fassung EN 12057:2004

DIN EN 12058:2005-01 Natursteinprodukte – Bodenplatten und Stufenbeläge – Anforderungen; Deutsche Fassung EN 12058:2004

DIN EN 12150-1:2000-11 Glas im Bauwesen – Thermisch vorgespanntes Kalknatron-Einscheibensicherheitsglas – Teil 1: Definition und Beschreibung; Deutsche Fassung EN 12150-1: 2000

DIN EN 12775:2001-04 Massivholzplatten – Klassifizierung und Terminologie; Deutsche Fassung EN 12775:2001

DIN EN 12825:2002-04 Doppelböden – Deutsche Fassung EN 12825:2001

DIN EN 13024-1:2012-02 Glas im Bauwesen – Thermisch vorgespanntes Borosilicat-Einscheibensicherheitsglas – Teil 1: Definition und Beschreibung; Deutsche Fassung EN 13024-1: 2011

DIN EN 13162:2013-03 Wärmedämmstoffe für Gebäude – Werkmäßig hergestellte Produkte aus Mineralwolle (MW) – Spezifikation; Deutsche Fassung EN 13162:2012

DIN EN 13163:2013-03 Wärmedämmstoffe für Gebäude – Werkmäßig hergestellte Produkte aus expandiertem Polystyrol (EPS) – Spezifikation; Deutsche Fassung EN 13163:2012

DIN EN 13164:2013-03 Wärmedämmstoffe für Gebäude – Werkmäßig hergestellte Produkte aus extrudiertem Polystyrolschaum (XPS) – Spezifikation; Deutsche Fassung EN 13164:2012

DIN EN 13165:2013-03 Wärmedämmstoffe für Gebäude – Werkmäßig hergestellte Produkte aus Polyurethan-Hartschaum (PUR) – Spezifikation; Deutsche Fassung EN 13165: 2012

DIN EN 13168:2013-03 Wärmedämmstoffe für Gebäude – Werkmäßig hergestellte Produkte aus Holzwolle (WW) – Spezifikation; Deutsche Fassung EN 13168:2012

DIN EN 13171:2013-03 Wärmedämmstoffe für Gebäude – Werkmäßig hergestellte Produkte aus Holzfasern (WF) – Spezifikation; Deutsche Fassung EN 13171:2012

DIN EN 13213:2001-12 Hohlböden; Deutsche Fassung EN 13213:2001

DIN EN 13225:2013-06 Betonfertigteile – Stabförmige tragende Bauteile; Deutsche Fassung EN 13225:2013

DIN EN 13226:2009-09: Holzfußböden – Massivholz-Elemente mit Nut und/oder Feder; Deutsche Fassung EN 13226:2009

DIN EN 13353:2011-07 Massivholzplatten (SWP) – Anforderungen; Deutsche Fassung EN 13353:2008 + A1:2011

DIN EN 13488:2003-05 Holzfußböden – Mosaikparkettelemente; Deutsche Fassung EN 13488:2002

DIN EN 13489:2003-05 Holzfußböden – Mehrschichtparkettelemente; Deutsche Fassung EN 13489:2002

DIN EN 13658-1:2005-09 Putzträger und Putzprofile aus Metall – Begriffe, Anforderungen und Prüfverfahren – Teil 1: Innenputze; Deutsche Fassung EN 136581:2005

DIN EN 13658-2:2005-09 Putzträger und Putzprofile aus Metall – Begriffe, Anforderungen und Prüfverfahren – Teil 2: Außenputze; Deutsche Fassung EN 136582:2005

DIN EN 13747:2010-08 Betonfertigteile – Deckenplatten mit Ortbetonergänzung; Deutsche Fassung EN 13747:2005 + A2:2010

DIN EN 13914-2:2005-07 Planung, Zubereitung und Ausführung von Innen- und Außenputzen – Teil 2: Planung und wesentliche Grundsätze für Innenputz; Deutsche Fassung EN 139142:2005

DIN EN 13964:2007-02 Unter-
decken – Anforderungen und
Prüfverfahren; Deutsche Fassung EN 13964:2004 + A1:2006

DIN EN 14195:2005-05 Metallprofile für Unterkonstruktionen
von Gipsplattensystemen – Begriffe, Anforderungen und Prüfverfahren; Deutsche Fassung
EN 14195:2005

DIN EN 14411:2012-12 Kera-
mische Fliesen und Platten
– Definitionen, Klassifizierung,
Eigenschaften, Konformitäts-
bewertung; Deutsche Fassung
EN 14411: 2012

DIN EN 14843:2007-07 Betonfertigteile – Treppen; Deutsche
Fassung EN 14843:2007

DIN EN 14964:2007-01 Unterdeckplatten für Dachdeckungen
– Definitionen und Eigen-
schaften; Deutsche Fassung
EN 14964:2006

DIN EN 14992:2012-09 Betonfertigteile – Wandelemente;
Deutsche Fassung EN 14992:
2007+A1:2012

DIN EN ISO 13920:1996-11
Schweißen; Allgemeintoleranzen
für Schweißkonstruktionen;
Längen- und Winkelmaße, Form
und Lage (ISO 13920: 1996);
Deutsche Fassung EN ISO
13920:1996

F

Forschungsgesellschaft für Stra-
ßen- und Verkehrswesen e. V.
(FGSV) (Hrsg.): Technische
Prüfvorschriften für Ebenheits-
messungen auf Fahrbahnober-
flächen in Längs- und Querrichtung – Teil: Berührende Messungen (TP Eben – Berührende
Messungen); Köln: FGSV Verlag,
Ausgabe 2007

Forschungsgesellschaft Land-
schaftsentwicklung Landschaftsbau e. V. (FLL) (Hrsg.): Richtli-
nie für die Planung, Ausführung
und Pflege von Dachbegrünun-
gen – Dachbegrünungsrichtlini-
en; Ausgabe Januar 2002

H

Hohmann, R.: Materialtechnische
Tabellen. In: Fouad, N. (Hrsg.):
Bauphysik-Kalender 2007. Ber-
lin: Ernst & Sohn, 2007

I

Industriegruppe Gipsplatten im Bundesverband der Gips- und Gipsplattenindustrie e. V. (Hrsg.): Merkblatt Nr. 2 der Industriegruppe Gipsplatten; Verspachtelung von Gipsplatten, Oberflächengüten; Darmstadt Stand Dezember 2007, Neuauflage 2011

M

Müller, R.: Das Türenbuch. Leinfelden/Echterdingen: DRW-Verlag, 2002

R

RAL Deutsches Institut für Gütesicherung und Kennzeichnung e. V. (Hrsg.): Innentüren aus Holz und Holzwerkstoffen; Gütesicherung RAL-RG 426 Teil I: Türblätter aus Holz und Holzwerkstoffen; Teil II: Türzargen aus Holz und Holzwerkstoffen; Ausgabe Februar 2002

V

VOB/C ATV Spritzbetonarbeiten – DIN 18314:2012-09

VOB/C ATV Verkehrswegebauarbeiten – Oberbauschichten ohne Bindemittel – DIN 18315:2012-09

VOB/C ATV Verkehrswegebauarbeiten – Oberbauschichten mit hydraulischen Bindemitteln – DIN 18316:2012-09

VOB/C ATV Verkehrswegebauarbeiten – Oberbauschichten aus Asphalt – DIN 18317:2012-09

VOB/C ATV Verkehrswegebauarbeiten – Pflasterdecken und Plattenbeläge in ungebundener Ausführung, Einfassungen – DIN 18318:2012-09

VOB/C ATV Mauerarbeiten – DIN 18330:2012-09

VOB/C ATV Betonarbeiten – DIN 18331:2012-09

VOB/C ATV Naturwerksteinarbeiten – DIN 18332:2012-09

VOB/C ATV Betonwerksteinarbeiten – DIN 18333:2012-09

VOB/C ATV Zimmer- und Holz-
bauarbeiten – DIN 18334:2012-
09

VOB/C ATV Stahlbauarbeiten –
DIN 18335:2012-09

VOB/C ATV Abdichtungsarbeiten
– DIN 18336:2012-09

VOB/C ATV Trockenbauarbeiten
– DIN 18340:2012-09

VOB/C ATV WärmedämmVer-
bundsysteme – DIN 18345:2012-
09

VOB/C ATV Betonerhaltungsar-
beiten – DIN 18349:2012-09

VOB/C ATV Putz- und Stuckar-
beiten – DIN 18350:2012-09

VOB/C ATV Vorgehängte hin-
terlüftete Fassaden – DIN
18351:2012-09

VOB/C ATV Fliesen- und Plattenarbeiten – DIN 18352:2012-09

VOB/C ATV Estricharbeiten –
DIN 18353:2012-09

VOB/C ATV Gussasphaltarbeiten
– DIN 18354:2012-09

VOB/C ATV Tischlerarbeiten –
DIN 18355:2012-09

VOB/C ATV Parkettarbeiten –
DIN 18356:2012-10

VOB/C ATV Rollladenarbeiten –
DIN 18358:2012-09

VOB/C ATV Metallbauarbeiten –
DIN 18360:2012-09

VOB/C ATV Maler- und Lackiererarbeiten – Beschichtungen –
DIN 18363:2012-09

VOB/C ATV Bodenbelagsarbeiten
– DIN 18365:2012-09

VOB/C ATV Tapezierarbeiten –
DIN 18366:2012-09

VOB/C ATV Holzpflasterarbeiten
– DIN 18367:2012-09

Z

Zentralverband des Deutschen
Baugewerbes e. V. (ZDB) –
Fachverband Deutsches Flie-
sengewerbe (Hrsg.): Merkblatt
„Hinweise für die Ausführung
von flüssig zu verarbeitenden
Verbundabdichtungen mit
Bekleidungen und Belägen aus
Fliesen und Platten für den
Innen- und Außenbereich"; Aus-
gabe August 2012

Zentralverband des Deutschen Baugewerbes e. V. (ZDB) – Fachverband Deutsches Fliesengewerbe (Hrsg.): Merkblatt Höhendifferenzen – Höhendifferenzen in keramischen Betonwerkstein- und Naturwerksteinbekleidungen und -belägen; Ausgabe Oktober 2005

Zentralverband des Deutschen Dachdeckerhandwerks – Fachverband Dach-, Wand- und Abdichtungstechnik e. V. (Hrsg.): Regeln für Dächer mit Abdichtungen – Flachdachrichtlinien; Ausgabe 10/2008 mit Änderungen Dezember 2011

Stichwortverzeichnis